Andy Rae

Schubladen und Türen

Entwerfen

Fertigen

Einbauen

Impressum

„Schubladen und Türen“
1. Auflage 2021

Originally published in the United States of America
by The Taunton Press, Inc. in 2007.

Übersetzung: Michael Auwers, Dassel

Fotos: © Andy Rae, 2007

Zeichnungen: © The Taunton Press, 2007

Produziert von PrintMediaNetwork, Oldenburg
Printed in Europe

ISBN 978-3-7486-0507-2
Best.-Nr. 21820

HolzWerken
Ein Imprint von Vincentz Network GmbH & Co. KG
Plathnerstr. 4c
30175 Hannover
www.holzwerken.net

MIX
Aus verantwortungs-
vollen Quellen
FSC® C106616

Das Arbeiten mit Holz, Metall und anderen Materialien bringt schon von der Sache her das Risiko von Verletzungen und Schäden mit sich. Autor und Verlag können nicht garantieren, dass die in diesem Buch beschriebenen Arbeitsvorhaben von jedermann sicher auszuführen sind. Vor Inangriffnahme der Projekte hat der Ausführende zu prüfen, ob er die Handhabung der notwendigen Werkzeuge und Maschinen beherrscht. Autor und Verlag übernehmen keine Verantwortung für eventuell entstehende Verletzungen, Schäden oder Verlust, seien sie direkt oder indirekt durch den Inhalt des Buches oder den Einsatz der darin zur Realisierung der Projekte genannten Werkzeuge entstanden.

Weitere Materialien kostenlos online verfügbar!
http://www.holzwerken.net/bonus

Ihr exklusiver Bonus an Informationen!
Ergänzend zu diesem Buch bietet Ihnen *HolzWerken* Bonus-Materialien zum Download an.
Scannen Sie den QR-Code oder geben Sie den Buch Code unter www.holzwerken.net/bonus ein und erhalten Sie kostenfreien Zugang zu Ihren persönlichen Bonus-Materialien!

Buch-Code: TE1144

WERKSTATTWISSEN FÜR **HOLZWERKER**

Andy Rae

Schubladen und Türen

Entwerfen

Fertigen

Einbauen

HolzWerken

Einleitung

Schubladen bergen Geheimnisse, und hinter Türen finden sich Wunder, die es sich lohnt aufzusuchen. Das sind Gründe, die den Bau von Türen und Schubladen lohnen. Zwingender ist vielleicht jedoch die Tatsache, dass ein Möbel ohne Türen und Schubladen einfach nur ein offener Behälter ist, in dem sich Staub und Schmutz ansammelt, Krimskrams unerreichbar vor sich hinschlummert und nichts vor neugierigen Blicken verborgen ist. Türen und Schubladen tragen dazu bei, unsere Schätze sauber, verborgen und organisiert aufzubewahren, sie bergen das Geheimnisvolle unseres Lebens und machen dieses Leben zugleich praktischer.

Unter praktischen Gesichtspunkten muss eine Tür oder eine Schublade leichtgängig funktionieren, um leichten Zugang zum Inhalt eines Möbels zu gewähren. Eine solide Konstruktion, gute Passung und geeignetes Scharnier oder Öffnungssystem sind Teile eines Puzzles, das man zusammensetzen muss, wenn das Möbelstück zu einem Erfolg werden soll. Wenn man diese Elemente zusammenbringt, kann man sicher sein, dass die Türen und Schubladen, die man baut, nie hängen, klemmen oder quietschen.

Außerdem winkt auch ein ästhetischer Gewinn, weil die Türen und Schubladen eines Möbelstücks seine sichtbarsten Bestandteile sind. Wenn man ein Zimmer betritt, wird einem sofort der Charakter eines Möbelstücks bewusst, das darin steht, weil er sich im Stil seiner Türen und Schubladen offenbart. Kein anderes Element eines Möbelkorpus nimmt so viel Raum in Anspruch oder beeinflusst das Aussehen so sehr. Insofern ist der Entwurf der Türen und Schubladen eine wichtige Voraussetzung für den Erfolg Ihrer Möbel. Glücklicherweise gibt es unendlich viele Formen und Stile, aus denen man wählen kann, und viele Entscheidungen, die man bedenken sollte, wenn man gut aussehende Schubladen und Türen bauen möchte.

Informationen zu diesen Themen und vielen anderen finden sich in diesem Buch. Um den Inhalt möglichst leicht zugänglich zu machen, habe ich das Buch in zwei Abschnitte geteilt. Teil Eins beschäftigt sich mit der Herstellung von Schubladen. Hier werden die verschiedenen Schubladetypen behandelt, die Möbelarten, in die sie passen, die Verbindungen, die bei ihrem Bau verwendet werden, und wie man Schubladen baut, einpasst und ihre Oberflächen behandelt, damit sie flüsterleise und leicht im Möbelstück gleiten.

Es werden auch viele Hinweise zur Auswahl und Verwendung von Schubladengriffen und zum Einbau von Schlössern und Schubladenstoppklötzen gegeben. Es gibt sogar ein Kapitel über Spezialschubladen, also solche, die den Wert oder die Nützlichkeit eines Möbelstücks steigern und so Ihre Arbeit auf das Niveau des Außergewöhnlichen heben.

Teil Zwei beschäftigt sich mit der Welt des Türenbaus. Die Struktur ähnelt der des ersten Teils, es werden Türarten und -typen vorgestellt, und die verschiedenen Methoden, sie in einem Möbel anzubringen werden behandelt. Ich stelle die Verbindungen vor, die beim Bau einer Möbeltür eingesetzt werden, beschäftige mich mit dem Einpassen der Tür und gebe Ratschläge zu Beschlägen, passenden Griffen und Verschlüssen. Es gibt auch ein Kapitel zu Spezialtüren – solchen, die vom Normalen abweichen. Der Bau dieser Türen ist eine Herausforderung, die zur Weiterentwicklung Ihrer Fähigkeiten und Kenntnisse als Tischler beiträgt. Ihre Möbel werden in einem helleren Licht erstrahlen.

Also legen Sie los. Es gibt viel zu lernen. Sehen Sie sich die Abbildungen an, lesen Sie den Text, üben Sie die Arbeitsverfahren, und versuchen Sie sich an einigen der Entwürfe. Bald werden Sie dann hochwertige Möbeltüren und Schubladen bauen, die auch einem Erbstück zur Zierde gereichen würden. Machen Sie sich keine Sorge: Sie brauchen weder eine Sammlung exotischer Werkzeuge noch einen Meisterbrief, um zu guten Ergebnissen zu gelangen. Die Kunst des Tür- und Schubladenbaus ist auch für Sie in greifbarer Nähe, wenn Sie Schritt für Schritt vorgehen. Es ist meine Hoffnung, dass Sie mit etwas Geduld und viel Übung lernen werden, wie man schöne, funktionale Türen und Schubladen baut, die gut in den entsprechenden Möbeln untergebracht sind und Ihnen viele Jahre lang wertvolle Dienste leisten werden.

Kapitel 1

Die Gestaltung der Schublade

Vielleicht haben Sie einen Lieblingsschublade. Sie wissen schon, was ich meine: Die Schublade, die gut in der Hand liegt, wenn man ihren Griff packt und zu ziehen beginnt. Auch wenn sie mit Schätzen aller Art beladen ist, gleitet sie leicht und sicher heraus, läuft glatt, verkantet sich nie und kippt auch nur um Haaresbreite nach unten. Vielleicht finden Sie sogar das Geräusch ansprechend, das bei der Bewegung der Schublade zu hören ist, ob es nun das Sirren einen Vollauszugs aus Metall mit seinen Dutzenden von Kugellagern ist oder das eher verhaltende Schleifen von Holz, das auf Holz gleitet. Und die Schublade schließt sich sanft, ohne zu murren.
Dieser Abschnitt des Buches soll ihnen helfen, Schubladen zu bauen, die Sie lieben werden. Sie müssen sich zuerst für den Schubladetyp entscheiden, den Sie verwenden möchten, also ob sein Vorderstück stumpf aufschlägt, aufgedoppelt ist oder bündig in den Korpus einschlägt. Sie müssen auch überlegen, ob Sie die Schubladenführung aus Holz herstellen wollen (sodass die Schublade auf Holz im Korpus geführt wird) oder ob Sie eine kommerzielle Metallführung verwenden möchten. Außerdem werden Sie die Bauteile richtig proportionieren wollen, damit sie gut funktionieren und ansprechend aussehen. Auch der Wahl eines passenden Materials, der werkstückgerechten Verbindungen und einer geeigneten Oberflächenbehandlung sollten Sie Aufmerksamkeit widmen. Alle diese Entscheidungen wirken sich auf das Aussehen Ihrer Schubladen aus. Vor allem aber tragen sie dazu bei, dass Sie eine Schublade bauen, die über Jahre hinaus anstandslos ihre Dienste verrichtet.

Schubladentypen

Sie haben die Wahl. Es gibt bei Schubladen drei Haupttypen, die sich in der Gestaltung des Vorderstücks unterscheiden: aufschlagend, aufgedoppelt und einschlagend. Ihre Entscheidung für einen Typ hat große Auswirkungen auf das Aussehen der Vorderseite Ihres Möbelstücks. Sie sollten ihr deshalb besondere Aufmerksamkeit widmen (vgl. die Abbildungen auf Seite 10).

Aufschlag! Bei einer Schublade mit aufschlagendem Vorderstück verdeckt dieses die dahinter liegende Front des Möbels größtenteils. Zwischen den Vorderstücken liegen umlaufende, gleichmäßige Fugen von etwa 3 mm.

Schubladentypen

Aufschlagendes Vorderstück

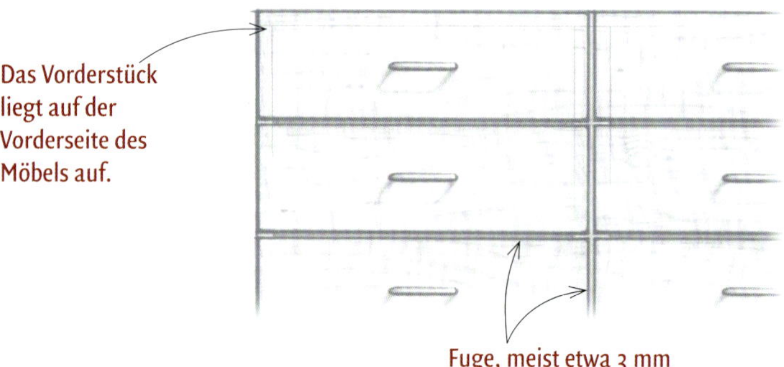

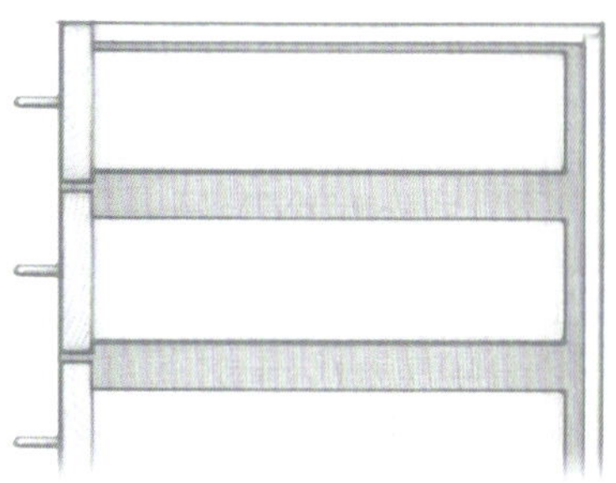

Gefälztes (aufgedoppeltes) Vorderstück

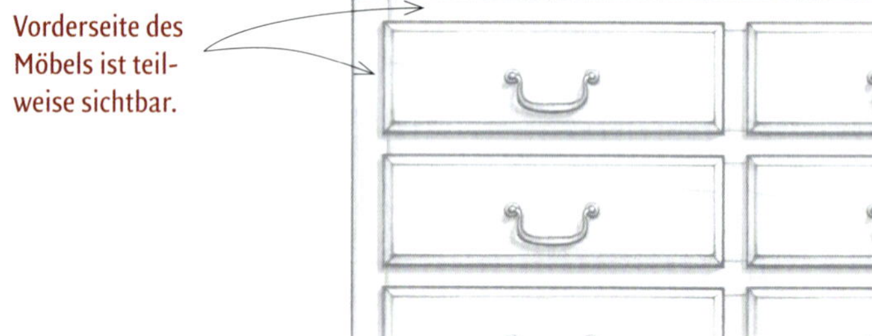

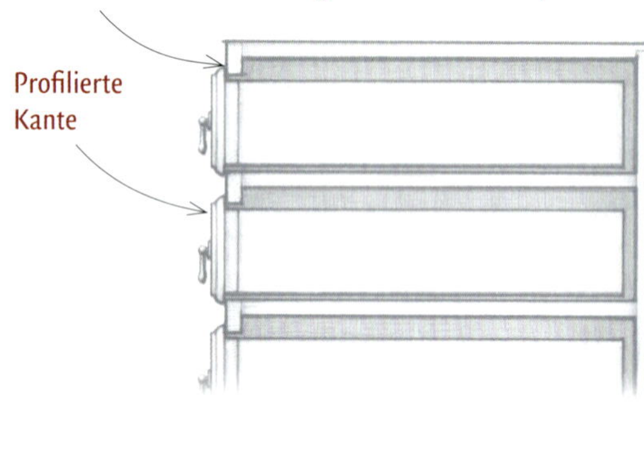

Relative breite Fuge zwischen den Schubladen

Einschlagendes Vorderstück

Vorderstück liegt in der Korpusöffnung.

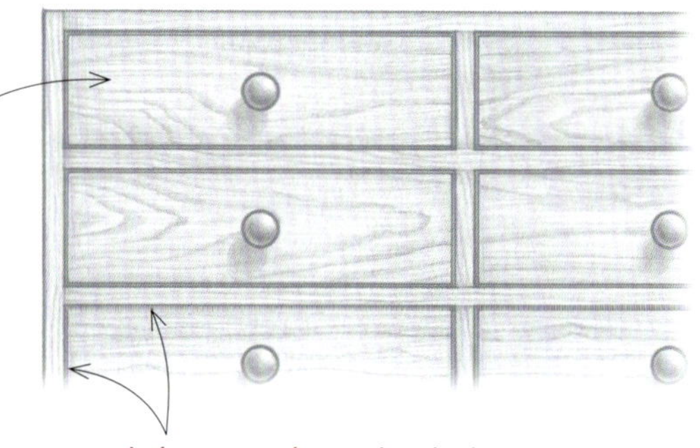

Fugen sind 1,5 mm oder weniger breit.

Vorderstück fluchtet mit Vorderseite des Möbels.

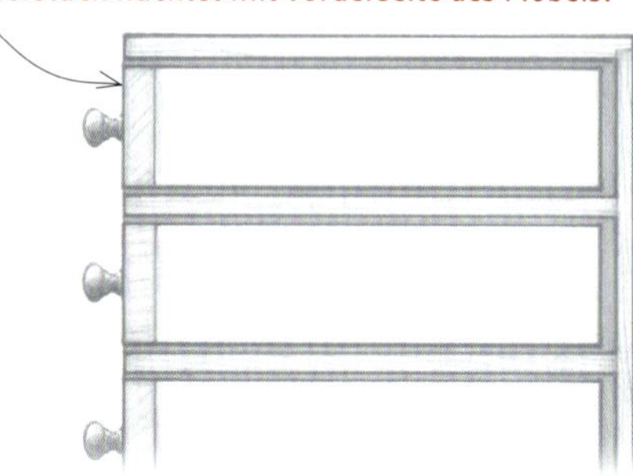

Zurückspringendes Vorderstück

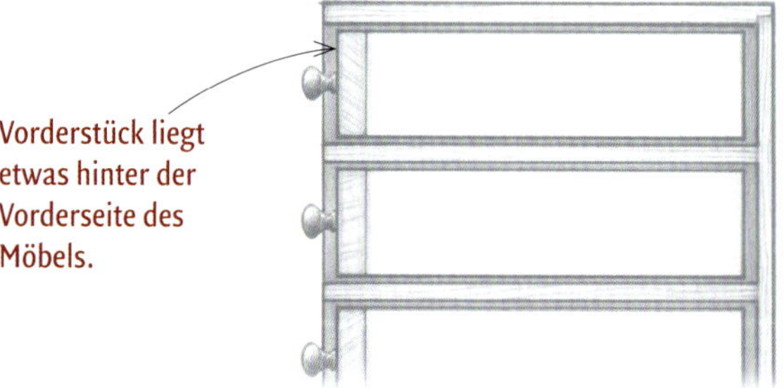

Die Aufdopplung verdeckt die Fuge. Aufgedoppelte Vorderstücke passen gut zu traditionellen Möbelstücken, sie setzen optische Akzente und verdecken zugleich etwaige Fugen zwischen der Schublade und dem Korpus.

Enge Toleranzen. Einschlagende Schubladen müssen sorgfältig eingepasst werden, um gleichmäßige Fugen zu erzielen. Das Ergebnis sieht jedoch sehr sauber aus und spricht von hohen handwerklichen Fähigkeiten.

Aufschlagende Vorderstücke sind typisch für industriell gefertigte Möbel im 32-mm-Rastermaß. Diese Gestaltung ist zu einem Standard bei modernen Küchen- und Badmöbeln geworden. Sie zeichnet sich dadurch aus, dass die Schubladen und Türen so dicht nebeneinander liegen, dass nur schmale Fugen zwischen ihnen offen bleiben. So ergibt sich ein einheitliches Aussehen der quasi unterbrechungsfreien gesamten Möbelfront.

Aufgedoppelte oder gefälzte Schubladenvorderstücke verleihen der Möbelfront größere Abwechslung, vor allem, wenn die Aufdopplung profiliert wird. Diese Gestaltung eignet sich gleichermaßen für moderne und traditionelle Möbelstücke. Die Einpassung ist einfacher als bei den meisten anderen Schubladen, weil die überstehende Aufdopplung die Fuge zwischen der Schublade und der Öffnung im Korpus verdeckt und weil die Abstände zwischen benachbarten Schubladen und Türen relativ groß sind. Dabei sollte man bedenken, dass die Vorderseite des Möbelstücks – ob mit Blendrahmen oder ohne – bei dieser Gestaltung auffälliger wird. Die Wahl des Materials für den Korpus oder Blendrahmen sollte deswegen besonders sorgfältig erfolgen, damit dieser Bauteil sich hinter den Schubladen gut macht.

Einschlagende Schubladen sind schwieriger einzupassen und oft auch schwieriger zu bauen. Der Lohn ist jedoch ein sauberes, aufgeräumtes Aussehen, das man sonst kaum erreicht. Eine einschlagende Schublade, bei der die Vorderseite des Vorderstücks und die des Korpus genau fluchten und bei der die Fugen ringsum schmal und gleichmäßig sind, lässt hohe handwerkliche Fähigkeiten erkennen. Die Shaker setzen diese Bauart sehr effektvoll ein und statteten ganze Wände eines Raums mit Reihen von Reihen von Schubladen aus, die alle überaus sorgfältig in ihre zugehörigen Öffnungen eingepasst waren. Etwas weniger mühselig ist der Bau einschlagender Schubladen, die entweder etwas hinter die Möbelfront zurückspringen oder geringfügig vorstehen. So entstehen Schattenfugen, die leichte Abweichungen in der Breite der Fugen zwischen Schublade und Korpus nicht so sehr ins Auge fallen lassen.

Anatomie der Schublade

Eine Schublade ist im Prinzip ein Kasten ohne Deckel. Sie besteht aus einem Vorderstück, zwei Seitenstücken, einem Hinterstück und einem Boden (siehe Zeichnung auf Seite 12). Im Folgenden werden die Vorder-, Seiten- und Hinterstücke als die „Wände" des Kastens bezeichnet.

Wenn man Schubladen aus Vollholz baut (zu Sperrholz komme ich etwas später), dann ist es wichtig, den Faserverlauf der Wände so auszurichten, dass er parallel zu den Ober- und Unterkanten um die Schublade läuft. So arbeitet das Holz in den Wänden gleichgerichtet und stellt die Integrität der Verbindungen sicher. Die Wän-

Anatomie der Schublade

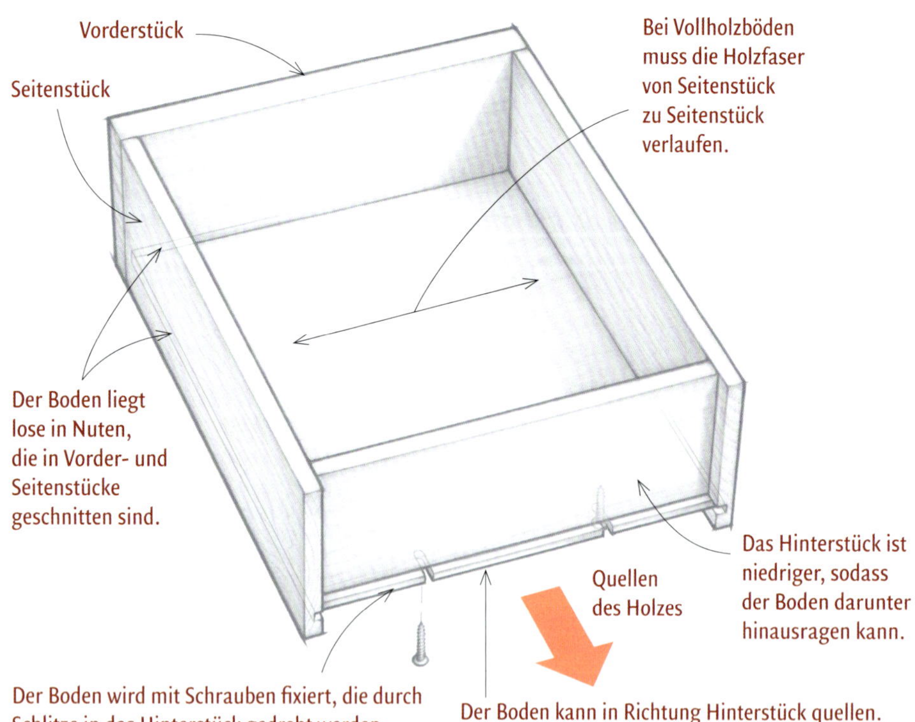

de können an den Ecken auf verschiedene Art verbunden werden. Damit beschäftige ich mich in Kapitel 2.

Das Vorderstück ist die „Visitenkarte" der Schublade und wird deshalb aus ausgewähltem Holz hergestellt. Es kann entweder direkt mit den Seitenstücken verbunden werden oder mit einer Aufdopplung verbunden werden, die man während des Einpassens der Schublade einfach am Vorderstück des separat hergestellten Schubladenkorpus anschraubt. (Siehe Kapitel 3.) Es ist wichtig, der Maserung und der Farbe des Materials Aufmerksamkeit zu widmen, das man für das Vorderstück verwendet. Man sollte sich möglichst die Zeit nehmen und das Material so zuschneiden, dass benachbarte Schubladenvorderstücke aus fortlaufenden Teilen des Brettes geschnitten werden. Die optische Wirkung wird dadurch sehr viel harmonischer, als wenn man zufällig ausgewählte Brettstücke als Vorderstücke verwendet.

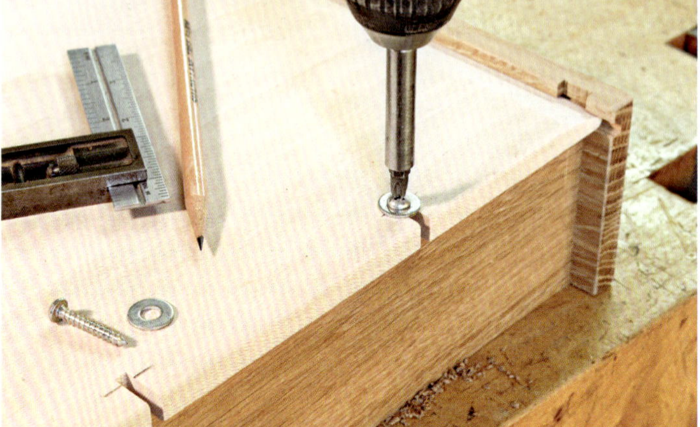

oben: **Faserverlauf im Schubladenboden.** Bei Vollholzböden muss die Holzfaser von Seitenstück zu Seitenstück verlaufen. In die hintere Kante des Boden schneidet man an der Tischkreissäge Schlitze ein, durch die der Boden mit Schrauben am Hinterstück fixiert wird. So kann das Holz des Bodens arbeiten.

links: **Der Faser folgen.** Um ein harmonisches Aussehen zu erreichen, wurden diese Schubladenvorderstücke aus Material von einem einzigen Baum hergestellt. Genauso wichtig ist es, benachbarte Vorderstücke dabei der Reihe nach aus dem gleichen Brett zu schneiden, damit die Maserung über die gesamte Breite des Möbels fortläuft.

Bei traditionell gebauten Schubladen ist das Hinterstück niedriger und liegt oben auf dem Schubladenboden auf. Das ist notwendig, damit das Holz in Vollholzböden , wie sie vor dem Aufkommen von Sperrholz üblich waren, arbeiteh waren. Probleme mit dem Arbeiten des Holzes lassen sich zwar durch die Verwendung von Sperrholz vermeiden, aber Schubladenböden aus Vollholz wirken edler und sind oft eine gute Wahl für hochwertige Arbeiten.

Wenn man sich für einen Vollholzboden entscheidet, muss sein Faserverlauf unbedingt parallel zum Vorderstück der Schublade liegen. So kann der lose eingenutete Boden quellen und sich in Richtung Hinterstück vergrößern, ohne dass dies Probleme verursacht. Ein Boden, der sich von Seite zu Seite vergrößert, kann dazu führen, dass die Schublade in der Korpusöffnung klemmt oder sogar dazu, dass die Eckverbindungen entzwei gehen. Vollholzböden kann man in beliebiger Stärke anfertigen und die Kanten dann gegebenenfalls ausfälzen, um sie in die zugehörigen Nuten einzupassen. Bei Schubladenböden aus Sperrholz ist das Arbeiten des Hozes keine Problem, da das Material dimensionsstabil ist. Es ist sogar eines der bestgehüteten „Geheimnisse" des Schubladenbaus, dass die Verwendung von Sperrholz es erlaubt, den Boden in die Nuten der Schubladenwände einzuleimen, wodurch die Belastbarkeit der Schublade insgesamt stark erhöht wird. Im Kapitel 2 gehe ich näher darauf ein.

Proportionen der Schublade

Bei den Abmessungen einer Schublade geht es um mehr als nur darum, einfach einen Kasten zu bauen, der in eine bestimmte Öffnung passt. Damit eine Schublade gut funktioniert, muss man das Verhältnis ihrer Breite zu ihrer Länge berücksichtigen. Im Allgemeinen lässt sich eine Schublade desto besser bewegen, je länger sie ist. Falls sie zu breit ist, neigt sie leicht dazu, sich im Korpus zu verklemmen. Auch allzu hohe Schubladen sollte man meiden. Hohe Vorder- und Seitenstücke aus Vollholz können so stark arbeiten, dass sie in den Korpusöffnungen klemmen, und zudem sind hohe Schubladen meist eine Platzverschwendung. Es gibt keine eisernen Regeln über diese Abmessungen, aber wenn man die Möglichkeit hat, ist es meist besser, ein Möbelstück mit mehreren Schubladenöffnungen zu versehen, sodass jede einzelne Schublade niedriger oder schmaler gestaltet werden kann.

Gute Proportionen

Damit eine Schublade gut läuft und auch gut aussieht, muss man ihre Gesamtgröße und die Proportionen der Bauteile richtig wählen.

Hinterteil in gleicher Stärke wie Seitenstücke

Die Seitenstücke müssen nicht stärker als 12 mm sein.

Die Stärke der Seitenstücke sollte ein Drittel oder weniger als die des Vorderstücks betragen.

y

x

In der Regel 20 bis 25 mm

Die Breite der Schublade (x) sollte geringer als ihre Länge (y) sein, um ein Verkanten zu vermeiden.

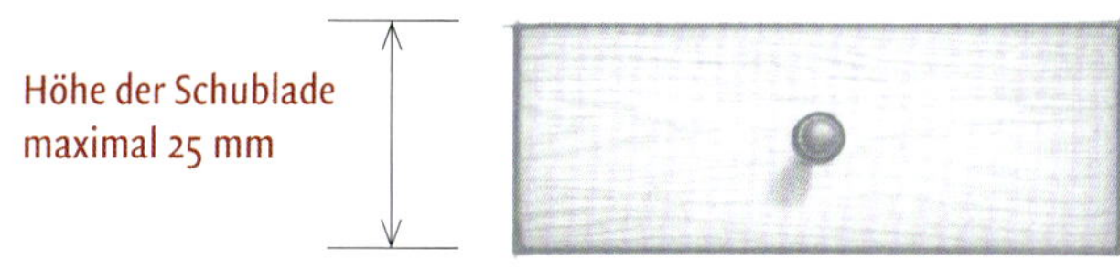

Höhe der Schublade maximal 25 mm

Dünn ist angesagt. Schubladen mit Seitenstücken, die dünner sind als das Vorderstück, laufen gut in ihren Öffnungen und bieten einen ansprechenden Anblick.

Eine weitere Regel bei den Proportionen besagt, dass die Seiten- und Hinterstücke der Schublade dünn sein sollten. Dabei geht es vor allem um ästhetische Gesichtspunkte. Schubladen mit dicken Seitenstücken sehen klobig aus, wenn man sie öffnet, vor allem wenn die Seitenstücke genauso stark sind wie das Vorderstück. Im Allgemeinen muss ein Schubladeseitenstück nicht stärker als 12 mm sein, damit die Schublade sich leichtgängig bewegen lässt, ohne sich zu verziehen. Das gilt sogar dann, wenn die Schublade nur auf den Unterkanten ihrer Seitenstücke läuft. Wenn man ein stärkeres Vorderstück verwendet (meist 20 bis 25 mm stark), ergibt sich eine ansprechende Proportion und man hat genug Material, um belastbarer Eckverbindungen anzuschneiden.

Die Wahl des Materials für Schubladen

Nicht jedes Holz eignet sich für Schubladen. Es lohnt sich also, das Material sorgfältig auszuwählen. In der Regel sind Laubhölzer die beste Wahl für die Seitenstücke, weil sie abriebfester sind als Nadelhölzer. Natürlich kann Nadelholz für kleine Schubladen, die keine schweren Gegenstände aufnehmen sollen, durchaus geeignet sein. Man denke etwa an eine Schatulle mit Schubladen für Souvenirs. In den meisten Fällen ist ein hartes, widerstandsfähiges und dimensionsstabiles Holz jedoch die beste Wahl für eine Schublade. Als Alternative kann man für die Seitenstücke auch Sperrholz verwenden. Wegen seiner Stabilität und Verfügbarkeit in großen Platten ist Sperrholz vor allem für hohe Schubladen eine gute Wahl. Allerdings sollte man davon Abstand nehmen, Spanplatten oder MDF (mitteldichte Faserplatte) als Material für Schubladen zu verwenden. Diese Holzwerkstoffe werden zwar im industriellen Möbelbau vielfach eingesetzt, sie sind aber dennoch eine schlechte Wahl für Schubladen, weil ihre Materialstruktur nicht für belastbare Eckverbindungen geeignet ist und sie schlecht auf Feuchtigkeitseinwirkung reagieren.

Hirnholz kontrollieren. Die Wachstumsringe des riftgeschnittenen Weißeichenbretts auf der linken Seite stehen senkrecht zu seiner Seitenfläche (‚stehende Ringe"), während sie am rundgeschnittenen Brett rechts eine Reihe von Bögen bilden, die fast parallel zur Seitenfläche verlaufen.

Wie bereits erläutert, kann man Schubladenböden aus Vollholz oder Sperrholz herstellen. Falls kein Rohmaterial in ausreichender Breite verfügbar ist, kann man schmale Bretter zu einer Platte der für den Boden benötigten Breite verleimen. Da Sperrholz auch in großen Platten gut verfügbar ist, eignet es sich hervorragend für Schubladenböden, vor allem in rein zweckmäßigen Möbeln.

Vollholz

Auch wenn man ein Holz mit auffälliger Maserung für das Vorderstück auswählt, damit die Sichtseite des Möbelstücks besonders ansprechend wirkt, sollte man für die Seiten- und Hinterstücke doch eher Holz mit ruhigem Faserverlauf wählen. Das Holz sollte gut abgelagert sein, damit es sich nicht verzieht, was dazu führen kann, dass sich die Schublade in ihrer Öffnung verklemmt. Man sollte auch auf Holz ohne Fehler wie Aststellen, Risse und Verfärbungen achten.

Um sicher zu stellen, dass die Seitenstücke auf Dauer gerade und eben bleiben, verwendet man für sie meist riftgeschnittenes Material. Das ist Holz, das so eingeschnitten ist, dass die Jahresringe etwa im Winkel von 90 Grad zur breiten Seite des Bretts stehen. Ein seit langem beliebtes Holz ist (amerikanische Weiß-) Eiche, die sowohl stabil als auch verschleißfest ist.

Man muss bei der Wahl eines riftgeschnittenen Holzes jedoch umsichtig sein. Riftgeschnittenes Holz – vor allem Eichenholz – zeigt oft große „Spiegel". Diese entstehen durch das Anschneiden der dünnen Markstrahlen, deren Holz spröde ist und bei der Benutzung der Schublade dazu neigt, abzuschilfern oder auszureißen, was zu rauen Stellen an der Schublade führt. Um dieses Problem zu umgehen, kann man auf Material zurückgreifen, bei dem die Jahresringe etwa im Winkel von 45 Grad zur Oberfläche stehen. Dort zeigt sich wie bei riftgeschnittenem Holz eine feine, gerade Maserung, das Holz ist aber dennoch dimensionsstabiler als rundgeschnittenes. Aber die Markstrahlen zeigen sich hier als Linien, nicht als Spiegel, und schilfern deshalb nicht ab.

Beachten Sie auch, dass manche Holzarten Ihrer Arbeit ein angenehmes Aroma verleihen können und zudem unerwünschte Gäste fernhalten. So geben Schubladenböden aus Zedernholz (Echte Zeder oder die sogenannte Spanische Zeder) einen wunderbaren Duft ab und vertreiben außerdem Motten und andere Insekten.

Sperrholz

Sperrholz aus Laubholz ist ein hervorragendes Material für viele Schubladenarten. (Sperrholz aus Nadelholz, wie es im Baugewerbe verwendet wird, ist von minderer Qualität und sollte nicht verwendet werden.) Sperrholz kann nicht nur für die Schubladenböden, sondern auch für die Seiten-, Hinter- und Vorderstücke verwendet werden. Es ist in großen Platten verfügbar und deshalb gut geeignet, große und belastbare Schubladen zu bauen. Sperrholzschubladen quellen und schwinden nicht, deshalb klemmen sie weder so leicht in den Korpusöffnungen, noch bilden sich unansehnlich große Fugen. Allerdings ist Sperrholz keine gute Wahl für die Seitenstücke von Schubladen, die zum Einpassen in den Korpus verputzt werden müssen, wie das etwa bei einer Schubladenführung aus Holz der Fall ist. Es kann allerdings ein sehr preisgünstiges Material sein, wenn man die Schubladen mit kommerziellen Auszügen versieht.

Beachten Sie, dass „Sperrholz" sehr unterschiedliches Material bezeichnen kann. Normales Sperrholz, wie es leicht in jedem Baumarkt zu bekommen ist, lässt sich für den Schubladenbau verwenden, aber die Qualität kann sehr unterschiedlich ausfallen.

Multiplex sieht gut aus. Das sogenannte Multiplex-Sperrholz, zum Beispiel aus Birkenholz, ist biegesteif und belastbar. Da es im Inneren keine Fehlstellen hat, eignet es sich auch gut für Schubladenbauteile, deren Kanten sichtbar sind.

Schon vor dem Bau oberflächenbehandelt. Wenn man Multiplex mit einem oberflächenbehandelten Deckfurnier verwendet, kann man die Bauteile der Schublade auf Maß schneiden, die Verbindungen anschneiden und die Schublade zusammenbauen, ohne später ein Oberflächenmittel auftragen zu müssen.

Platten in 12 mm Stärke bestehen meist aus nur fünf oder sieben Lagen, und das Deckfurnier ist sehr dünn. Die Innenlagen können Fehlstellen aufweisen, die sich als Löcher an Schnittkanten zeigen können.

Es gibt bessere Sperrholzqualitäten, die man aber unter Umständen im Holzfachhandel kaufen muss. Diese „Premiumqualitäten" bestehen oft aus Birkenholz, aber auch andere Laubhölzer werden verwendet. Sie unterscheiden sich von einfachem Sperrholz in der größeren Anzahl von Lagen und darin, dass sie keine inneren Fehlstellen haben. Insgesamt sind sie steifer und dichter als normales Sperrholz. Beschläge halten in ihnen besser, und angeschnittene Verbindungen sind belastbarer. Und da sie keine Fehlstellen aufweisen, kann man die rohen Schnittkanten glätten, um ein ansprechendes Aussehen zu erreichen.

Eine weiterer Vorteil besteht darin, dass diese Sperrholzplatten als fertig oberflächenbehandelte Platten erhältlich sind, die auf einer oder beiden Seiten eine verschleißfeste katalytisch behandelte Oberfläche aufweisen. Das kann sehr viel Zeit sparen, da die Oberflächen der Schubladenteile nach der Montage nicht mehr oberflächenbehandelt werden müssen.

Allerdings sollte man solches Sperrholz nicht für Seitenstücke verwenden, die an Holz anliegen, also etwa bei einer Schublade, die einfach im Korpus geführt wird. Oder man verwendet eine einseitig behandelte Platte und setzt sie so ein, dass die behandelte Fläche innen liegt. Die kommerziellen Oberflächenbeschichtungen auf diesen Platten sind zu stark, und man riskiert andernfalls, dass die Schublade klemmt, wenn die behandelte Fläche sich am Korpus reibt.

Wahl eines kommerziellen Schubladenauszugs

Kommerzielle Schubladenauszüge aus Metall werden meist für Zweckmöbel verwendet, und man mag denken, dass sie in hochwertigen Möbeln nichts zu suchen hätten. Allerdings haben sich die modernen Auszüge in den vergangenen zehn Jahren stark weiterentwickelt. Man bekommt inzwischen Auszüge, die seidenweich und fast geräuschlos funktionieren, nahezu unsichtbar sind, und sich in wenigen Minuten einbauen lassen.

Es gibt zwei Haupttypen von Metallauszügen: mit Seitenmontage und mit Unterflurmontage. Auszüge für die seitliche Montage sind preiswerter und leichter anzubringen. Sie kommen paarweise in den Handel, mit einem linken und einem rechten Auszug für jede Schublade. Jeder Auszug besteht aus zwei Teilen: einer Schiene, die am Schubladenseitenstück angeschraubt wird; und einer Führung, die man im Inneren des Möbels anbringt.

Ein enger Verwandter, der Eckauszug, funktioniert nach dem gleichen Prinzip. Bei ihm wird die Schiene ebenfalls am Seitenstück angeschraubt, aber sie zieht sich im Winkel bis unter den Boden und vergrößert so die Tragkraft.

Auszüge für die Seitenmontage bekommt man in Versionen aus blankem Metall, bei denen die Führung mit Kugellagern versehen ist, und in farbig epoxidlackierten Sorten, die Nylonräder verwenden. Die Auszüge mit Nylonrädern sind meist leiser, aber Vollauszüge, bei denen man auch Dinge ganz hinten in der Schublade leicht erreicht, sind nur in der Version mit Kugellagern zu bekommen. Wenn man noch besseren Zugriff gewährleisten möchte, etwa bei einer Schublade direkt unter einem Küchentresen, kann man auch Auszüge verwenden, bei denen die Auszugsweite noch größer ist. Solche Spezialauszüge sind allerdings teurer.

Die größte Innovation der letzten Zeit bei Schubladenauszügen sind Verbesserungen der Unterflurführungen. Diese Beschläge waren früher zweiteilig, klobig und schwer anzubringen. Sie erforderten auch eine Verstärkung der Möbelrückwand, ohne dass der Halt dadurch wesentlich verbessert wurde. Heutzutage bekommt man unkomplizierte, einteilige Unterflurauszüge, die leicht im Möbelkorpus zu installieren sind und die Schublade mittels eines Clips oder einer kleinen Bohrung erfassen. Sie laufen leicht, ruhig und zuverlässig wie ein Motorrad deutscher Herstellung. Bei den teureren Modellen gibt es sogar einen Federmechanismus, der die Schublade leise und sicher einzieht, wenn sie sanft Druck auf sie ausübt.

Bezahlbar und einfach zu verwenden. Normale Metallauszüge wie diese für die Eckmontage sind schnell angebracht und belasten das Konto nicht zu sehr, wenn man viele Schubladen einhängen muss.

Mitte und oben:
Man sieht mich, man sieht mich nicht...
Diese Auszüge für die Unterflurmontage werden im Korpus angeschraubt und in einen Clip eingehängt, der unter dem Schubladenboden angeschraubt wird. Nach der Montage sieht man den Auszug nicht mehr, und eine geschickt konstruierter Federmechanismus schließt die Schublade selbsttätig.

Vorbereitungen für die Oberflächenbehandlung

Die Oberflächen der Schubladen zu glätten und mit einem Schutzmittel zu behandeln, kann mühselig sein, falls man nicht vorausschauend arbeitet. Man kann zwar entsprechend vorbehandelte Bauteile verwenden, um diese Arbeit zu umgehen, aber je nach Gestaltung der Schublade ist das eine Möglichkeit, die einem nicht immer zur Verfügung steht. Allerdings hat man immer die Option, den Schubladenboden in einer späteren Phase der Montage einzubauen. (Siehe Kapitel 2: Schubladenbau.) Das kann in mehreren Hinsichten nützlich sein.

Zum einen lässt sich die Schublade ohne Boden besser einspannen, um die Flächen zu schleifen und zu behandeln. So kann man eine Vollholzschublade zum Beispiel in der Bankzange einspannen oder sie über ein Brett stülpen, dass über die Hobelbank hinausragt, um so die Außenflächen problemlos zu verputzen.

Es ist auch einfacher, ein Oberflächenmittel mit dem Ballen auf die Wandungen einer Schublade aufzubringen, wenn der Boden noch nicht eingebaut ist. Die Innenecken sind leichter zu erreichen, und der Boden selbst kann separat behandelt werden, ohne dass die Gefahr von Tropfenbildung oder Ansammlungen von Oberflächenmitteln in den Ecken besteht. Ein Warnhinweis: Man sollte auf der Innenseite von Schubladen (wie auch im Inneren von Korpusmöbeln) keine Öle oder Firnisse verwenden. Die Ausdünstungen solcher Oberflächenmittel riechen noch nach Jahren unangenehm und können den Inhalt des Möbels, vor allem Bekleidung, verunreinigen.

Lack ist durchaus geeignet und wird im gewerblichen Bereich häufig für Schuladen verwendet. Allerdings kann auch Lack in geschlossenen Behältern wie Schubladen noch einige Wochen zu riechen sein, es kann sich also empfehlen, einige Wochen zu warten, bis sich die Lösemittel verflüchtigt haben, bevor man die Schublade erstmals verwendet. Mein Lieblingsmittel für Innenflächen ist entwachster Schellack, den man mit dem Ballen, dem Pinsel oder der Sprühpistole auftragen kann. Er lässt sich leicht auftragen, ist nach dem Trocknen (das nur wenige Minuten dauert) geruchlos und verleiht jedem Holz einen warmen Ton.

Kein Boden, der stört. Wenn man den Boden aus der Schublade nimmt, kann man sie leicht an der Hobelbank festspannen, um zu schleifen und Einpassarbeiten auszuführen.

Leicht aufzutragen. Ein Oberflächenmittel mit dem Ballen aufzutragen ist viel leichter, wenn der Boden nicht in der Schublade steckt, weil man problemlos bis in die Ecken gelangt. Und auch der Boden selbst kann separat behandelt werden, was für eine glattere Oberfläche sorgt.

Kapitel 2

Schubladenbau

Wenn man sich für einen bestimmten Schubladentyp entschieden hat, ist die nächste Überlegung, wie sie sich in das Möbel hinein und aus ihm heraus bewegen wird. Das führt zur Wahl eines passenden Möbelkorpus. Am leichtesten lassen sich Schubladen mit Auszügen aus Metall anbringen, aber viele Holzwerker ziehen es vor, ihre Schubladenführungen selbst zu bauen. Die traditionelle Methode ist der Bau eines Möbels, bei dem die Schublade auf Holzflächen im Korpus gleitet. Sowohl Schubladen als auch Korpus stellen beim Bau große Anforderungen, aber das Ergebnis ist elegant und zeugt von hoher Handwerkskunst.

Die Verbindungen für den Bau einer Schublade sollten mit Bedacht ausgewählt werden. Schubladen müssen den Belastungen des wiederholten Herausziehens und Hineinschiebens widerstehen, deshalb muss der Schubladenkasten, vor allem seine Eckverbindungen, stabil und sorgfältig gearbeitet werden. Und alle Teile müssen fluchten beziehungsweise senkrecht zueinander stehen, um das Einpassen der Schublade zu erleichtern und sicherzustellen, dass sie sich leichtgängig in der zugehörigen Korpusöffnung bewegt.

Schnelle Montage. Metallauszüge werden einfach an den Kanten der Schubladenöffnung im Korpus ausgerichtet und nötigenfalls auf Zulagen angebracht, wenn man am Korpus einen überstehenden Blendrahmen anbringt. Man schraubt die Auszüge einfach an und ist schon fertig.

Der Korpus von Schubladenmöbeln

Bevor Sie die Teile für die Schubladen zuschneiden, müssen Sie sich entscheiden, wie die Schublade im Korpus geführt werden soll, damit Sie das Möbel dementsprechend konstruieren können. Es gibt im Wesentlichen zwei Möglichkeiten: Auszüge aus Metall oder Schubladenführungen aus Holz. Unabhängig von dieser Wahl sollte man den Korpus des Möbels zuerst bauen, damit man die Schubladen dann auf Maß konstruieren kann, sodass sie genau in die Öffnungen im Korpus passen.

Wenn man kommerzielle Auszüge aus Metall verwendet, ist der Bau des Möbels und die Anbringung der Schubladen ein Kinderspiel. Der Korpus erfordert dann keine besonderen Bauteile, höchsten wird man hier und dort eine Zulage anbringen müssen, um die Auszüge und Schubladen in der Korpusöffnung auszurichten. Und man erspart sich die Mühe, die Schublade nach dem Zusammenbau auf Passung nachzuarbeiten. Man schraubt einfach die Schienen an der Schublade und die Führungen im Korpus an, schiebt die Schublade in den Korpus, und ist fertig. Auszüge lassen sich sowohl mit

Läuft wie auf Schienen. Fräsen Sie abgesetzte Nuten in die Seitenstücke eine Schublade, bringen Sie Laufleisten aus Holz im Korpus an, und Ihre Schublade wird sicher und leichtgängig geführt. Als Zugabe erhalten Sie auch noch einen Stoppklotz, da die Schublade am abgesetzten Ende der Nut angehalten wird.

Lauf- und Streifleiste in einem. Bei Rahmenmöbeln wie Tischen kann die Schublade durch ausgefälzte Leisten geführt werden, die am Boden und den Seitenteilen anliegt. Die Leisten werden mit Leim und Schrauben an den gegenüberliegenden Zargen angebracht, die Enden gegebenenfalls ausgeklinkt, um die Tischbeine aufnehmen zu können.

Sperrholz- als auch mit Vollholzschubladen verwenden, allerdings findet man sie vor allem bei Küchenmöbeln aus Sperrholz.

Der Bau einer Schublade und eines Möbels mit passender Führung aus Holz kann einen vo größerer Herausforderungen stellen. Die Schublade selbst muss genau maßhaltig hergestellt werden, und die Schubladenführungen erfordern einen Korpus mit Laufrahmen, in dem die Schubladen geführt werden, oder als einfachere Lösung Führungsleisten, die am Korpus, an der Schublade oder den Traversen eines Rahmens angebracht werden.

Führungsleisten aus Holz lassen sich sowohl in Sperrholz- als auch in Vollholzmöbeln einsetzen, wenn man sie durch Langlöcher anschraubt, falls sie bei einem Vollholzkorpus quer zur Faserrichtung der Seitenwände angebracht werden, damit sie das Arbeiten des Holzes im Korpus nicht behindern. Ein traditioneller Laufrahmen ist vor allem für Vollholzmöbel gedacht, weil er den Seiten- und Zwischenwänden des Möbels das Arbeiten erlaubt, ohne dass die Verbindungen in Mitleidenschaft gezogen werden. Man findet diese Konstruktionsweise in fast allen Möbeln aus dem 17. Und 18. Jahrhundert, sie eignet sich aber durchaus auch für moderne Entwürfe und kann auch in Möbeln aus Sperrholz verwendet werden.

Falls über der Schublade kein Zwischenboden oder Laufrahmen liegt, sollte man über den Seitenstücken auf jeder Seite eine Kippleiste anbringen, die den hinteren Teil der Schublade hält, damit sie nicht nach unten kippt, wenn sie herausgezogen wird. Auch in diesem Fall sollte man Langlöcher verwenden, falls die Kippleiste

Die Schubladen bleiben leichtgängig, auch wenn das Holz im Korpus arbeitet. Bei einem Korpus mit Laufrahmen werden die Schubladen auf Laufleisten aus Holz geführt, aber die Seiten des Korpus können dennoch bei Veränderungen der Luftfeuchtigkeit quellen und schwinden.

Der Bau eines Laufrahmens

Langlöcher für die Schrauben und lose Zapfen an der hinteren Seite des Rahmens erlauben Vollholz ohne Probleme zu arbeiten.

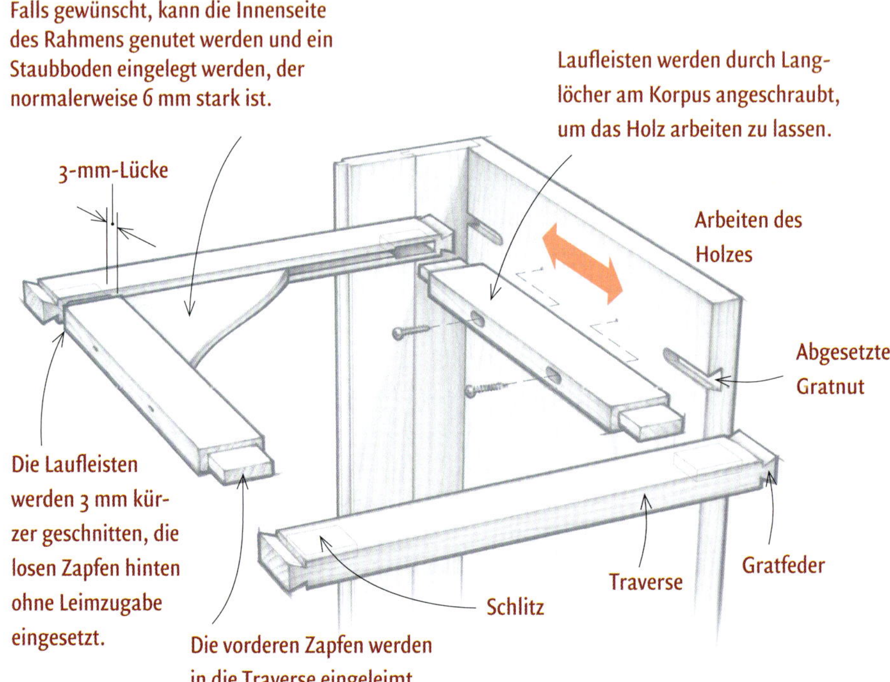

Rahmen und Korpusse für Schubladen

Für Metallauszüge...

Möbel in Plattenbauweise

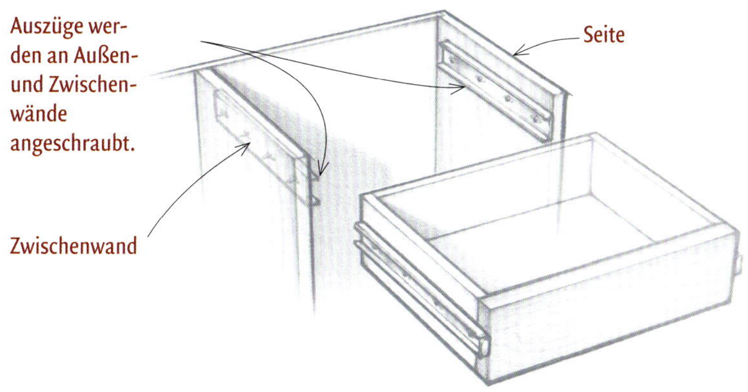

Möbel mit Blendrahmen

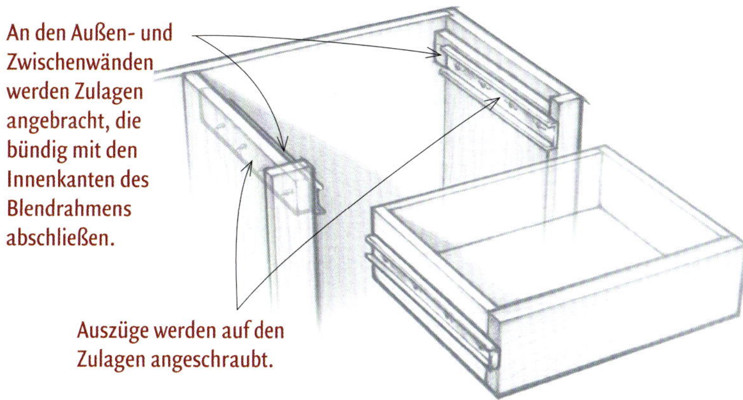

Für Schubladenführungen aus Holz...

Laufleisten am Korpus

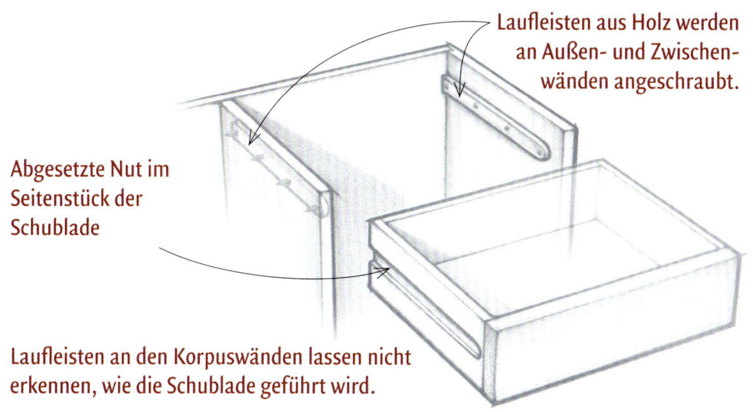

Laufleisten an der Schublade

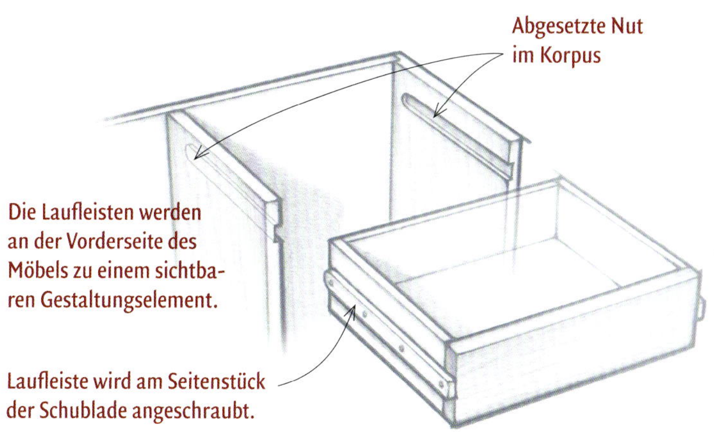

L-förmige Leisten an einem Tischrahmen

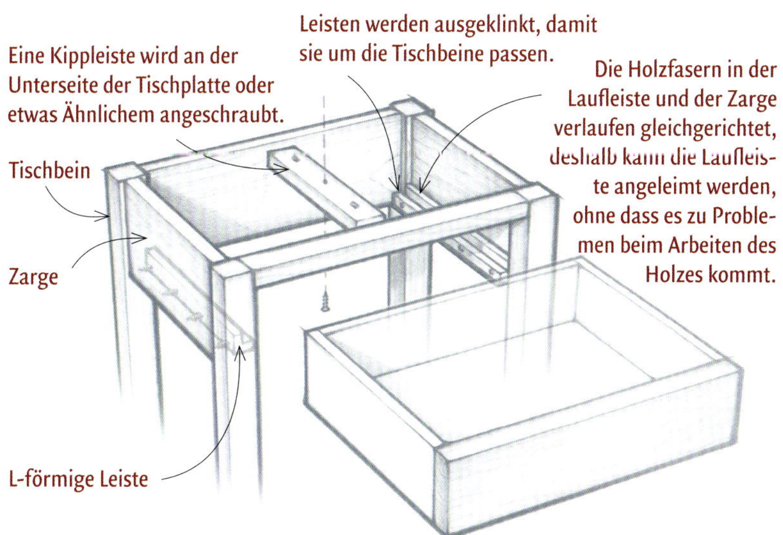

Laufrahmen in einem Vollholzkorpus

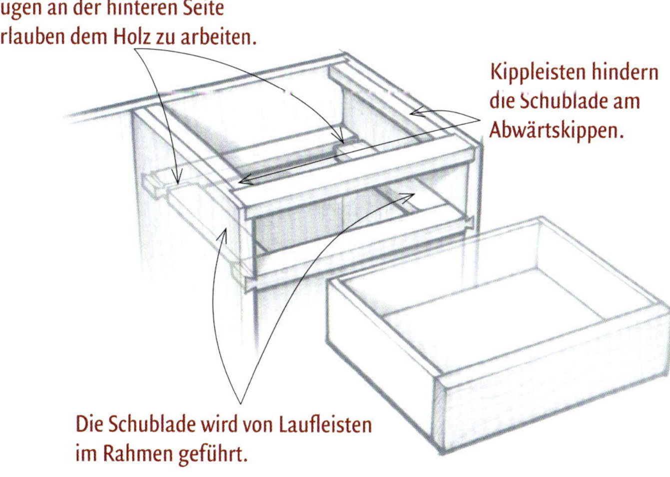

an einer Seitenwand aus Vollholz angeschraubt wird. Bei Möbeln mit einer oberen Zarge wie Tischen und Schreibtischen kann man eine einzelne Kippleiste mittig anbringen, sodass ihre Unterkante mit der Oberkante der Schubladenöffnung fluchtet.

Bei Laufrahmen kann in der Mitte ein Staubboden angebracht werden, der Staub am Eindringen und Kleider wie andere lose Gegenstände daran hindert, sich in benachbarten Schubladen zu verfangen. Bauen Sie den Staubboden wie jede andere Rahmen-und-Füllung-Konstruktion aus Sperrhoz oder Vollholz, und setzen Sie ihn in den Laufrahmen ein.

Konstruktive Merkmale der Schublade

Die Eckverbindungen an Schubladen sind starken Belastungen ausgesetzt, wenn die Schubladen herausgezogen und wieder eingeschoben werden – vor allem wenn sie mit schweren Gegenständen gefüllt sind. Es lohnt sich deshalb, Schubladen so stabil wie irgend möglich zu konstruieren. Dabei ist kein Element so wichtig wie die Eckverbindungen.

Glücklicherweise steht eine große Auswahl an Verbindungen zur Verfügung.

Der Schubladenboden wird, wie schon in Kapitel 1 dargelegt (siehe „Anatomie der Schublade", Seite 12), meist in Nuten eingeschoben, die in das Vorderstück und die Seitenstücke eingeschnitten sind. Bei Eckverbindungen, die von beiden Seiten zu sehen sind (Fingerzinken oder offene Schwalbenschwanzzinkungen) müssen die Nuten für den Boden abgesetzt werden, damit man sie nicht auf der Außenseite der Schublade sieht. Wenn man die Nut an einem Zinken ausrichtet, müssen die Nuten nur an den Seitenstücken abgesetzt werden, wie man im Foto unten rechts erkennen kann.

Das Hinterstück wird meist in eine senkrechte Nut eingeschoben, die in die beiden Seitenstücke eingeschnitten wird. Um die Verbindung belastbar zu machen, sollte die Nut flach gehalten werden – als Faustregel gilt ein Drittel der Materialstärke – und mit Drahtstiften oder Klammern zusätzlich gesichert werden (siehe Fotos auf Seite 24).

Das soll nicht heißen, dass man nicht auch, vor allem bei traditionellen oder sehr hochwertigen Möbeln, andere Verbindungen an diesen Ecken einsetzen kann (etwa Fingerinken oder offenen Schwalbenschwanzzinkungen).

Das Hinterstück ist meist niedriger als die Seiten- und Vorderstücke. Es sitzt über der Nut für den Schubladenboden, der während der Endmontage unter ihm hindurch eingeschoben wird. Für die vorderen Ecken hat man freie Wahl der Verbindungen, vom einfachen Einnuten bis hin zu offenen und halbverdeckten Schwalbhwanzzinkungen und sowie anderen Spezialitäten, auf die ich weiter unten eingehe.

Nuten für den Boden. Schneiden Sie mit einem Nutsägeblatt in das Vorder- und die Seitenstücke Nuten für den Schubladenboden. Die Nuten sind meist 6 x 6 mm (manchmal auch flacher) und liegen 6 – 12 mm oberhalb der Unterkante der Bauteile.

Nuten absetzen. Wenn man die Nut für den Schubladenboden mittig in eine der Fingerzinken schneidet, muss sie nur an zwei der Schubladenbauteile abgesetzt werden.

Eckverbindungen

Falz (vorne) und Nut (hinten)

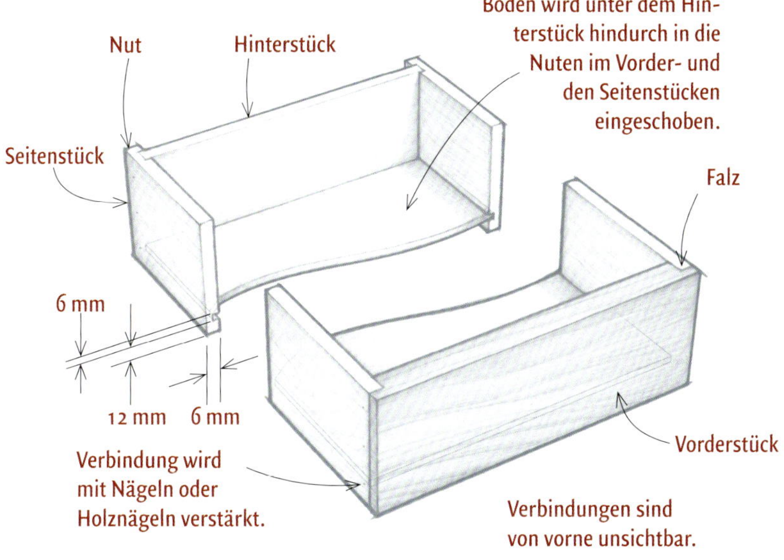

Ausgefälzte Nut-und-Feder-Verbindung

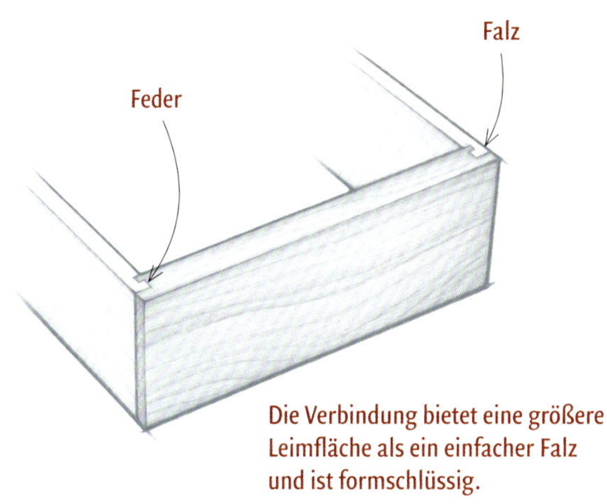

Offene Schwalbenschwanzzinkung

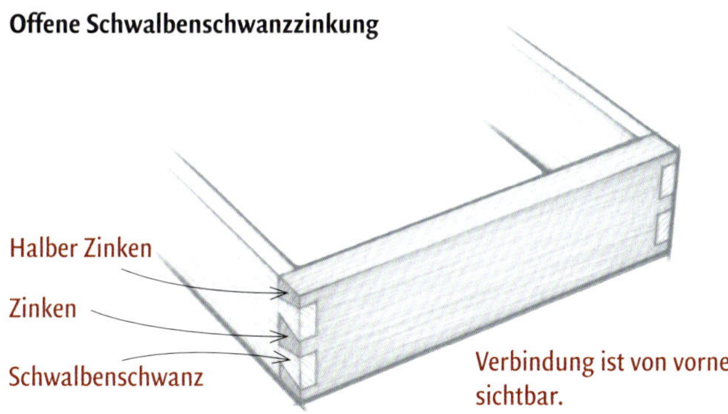

Fingerzinken

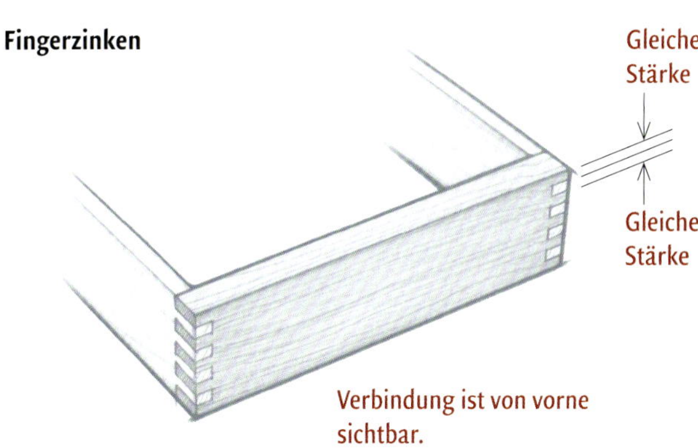

Halbverdeckte Schwalbenschwanzzinkung

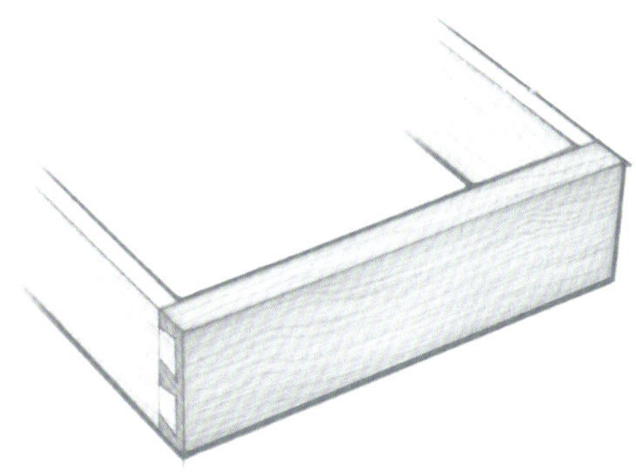

Gratnutverbindung

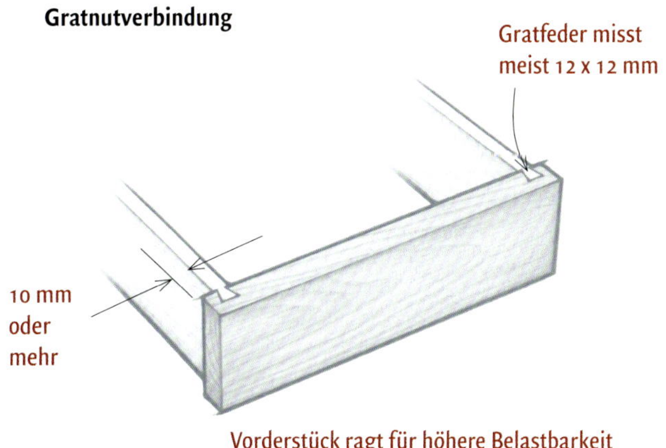

Die Verbindungen sollten mit Bedacht ausgewählt werden. So sollte man bei hohen Schubladen auf Finger- oder Schwalbenschwanzzinkungen zurückgreifen, da sie besonders geeignet sind, die hohen Lasten zu verkraften, die große Schubladen mit sich bringen können. Kleine Schubladen, wie man sie in Schmuckkästen und Schatullen findet, werden nicht so sehr beansprucht. Hier kann eine geleimte und genagelte Nutverbindung ausreichen. Bedenken Sie auch die Maschinenausstattung Ihrer Werkstatt, Ihre eigene Erfahrung und Aspekte der Herstellungseffizienz. Falls es Ihnen an Maschinen mangelt, kann eine handgeschnittene Verbindung die beste Wahl sein. Andererseits haben Sie vielleicht einen Handoberfräsentisch, den Sie für eine besondere Verbindung eingerichtet lassen können, sodass sich diese Verbindung beim späteren Bau von Schubladen schneller und leichter anschneiden lässt. Schneiden Sie das Material für die Schubladen auf Maß, bevor Sie mit der Verbindungsarbeit beginnen. Sie können die Seitenstücke auf das lichte Innenmaß des Korpus zuschneiden (das erlaubt das Anschneiden der Verbindungen am vorderen Ende) oder sie etwas kürzer schneiden und dann später Stoppklötze oder andere Beschläge verwenden, um die Schublade daran zu hindern, hinten am Korpus anzustoßen (siehe „Stoppklötze“ auf Seite 68). Bei Schubladenführungen aus Holz werden die Vorder- und Seitenstücke auf die lichte Höhe und Breite der Öffnung im Korpus zugeschnitten, die Schubladen werden dann später durch Verputzen in die Öffnungen eingepasst. Bei Auszügen aus Metall muss man manchmal einige Zentimeter Platz oberhalb der Schubladenseitenstücke lassen, um die Schublade einsetzen und herausnehmen zu können. Die meisten Auszüge erfordern auch eine Schublade, die 25 mm schmaler ist als die Öffnung im Möbel. Beachten Sie die Hinweise des Herstellers.

Clever arbeiten

Glätten Sie allen Innenflächen der Schubladenteile, bevor Sie die Verbindungen anschneiden. Nachträgliches Hobeln, Schleifen oder Glätten mit der Ziehklinge könnte sonst die Passung der Verbindungen beeinträchtigen.

Flach halten und nageln. Schneiden Sie eine flache Nut in die Schubladenseitenstücke – bei 12 mm starkem Material reicht eine Tiefe von 3 bis 5 mm –, um sie mit dem Hinterstück zu verbinden. Geben Sie Leim an, und verstärken Sie die Verbindung mit Drahtstiften.

Falz

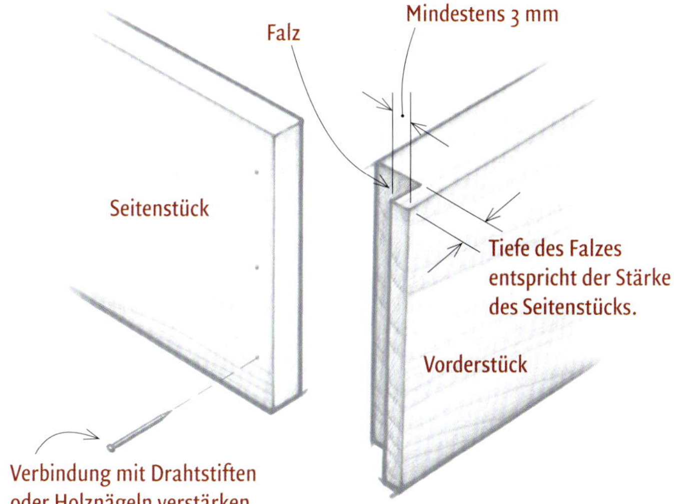

Ausgefälzte Nut-und-Feder-Verbindung

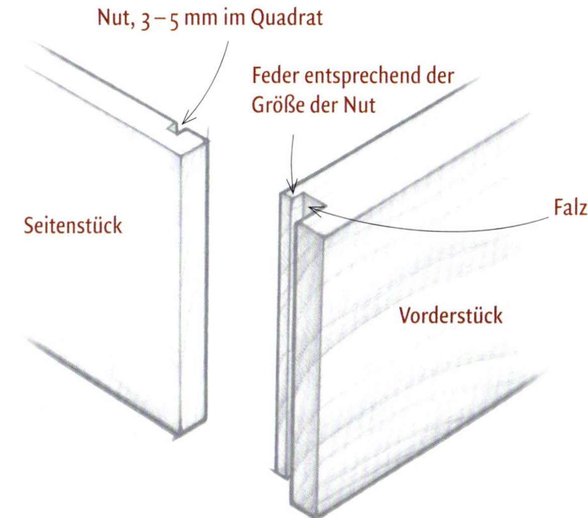

Verbindungen: Falz, Nut und Fingerzinken

Schubladen mit gefälzten Verbindungen gehören in modernen Werkstätten zum Alltag. Die Verbindung ist relativ belastbar, schnell anzuschneiden und sieht gut aus, weil sie vorne an der Schublade nicht zu sehen ist. Man sollte sie allerdings mit Klammern, Drahtstiften oder Holznägeln verstärken. Falls das Vorderstück aufgedoppelt werden soll, kann man diese Verstärkungen verstecken, indem man sie durch das Vorderstück treibt (siehe Fotos auf Seite 26). Falls man sie durch das Seitenstück treiben möchte, kann man Holznägel verwenden, die nicht nur die Verbindung verstärken, sondern zugleich ein dekoratives Element ergeben.

Man kann die einfache gefälzte Verbindung aufwerten, indem man eine kleine Feder am Vorderstück und eine passende Nut am Seitenstück anschneidet, um eine gefälzte Nut- und-Feder-Verbindung zu erhalten. Wegen der Formschlüssigkeit und der größeren Leimfläche muss diese Verbindung nicht zusätzlich verstärkt werden.

Die Fingerzinkenverbindung wird schon immer als Eckverbindung im Korpusbau eingesetzt. Sie funktioniert genauso gut beim Bau von Schubladen, bei denen es sich ja im Wesentichen auch um kleinerer Korpusse handelt. Die vielen „Finger“ der Verbindung stellen eine Verkämmung dar, sodass sie wegen der Formschlüssigkeit und der großen Leimfläche eine besonders belastbare Verbindung ist. (Aus ästhetischen Gründen schneide ich gerne an beiden Enden der Verbindung einen ganzen Fingerzinken an.) Vor allem ist die Verbindung leicht an der Tischkreissäge zu schneiden und eignet sich gut für die Serienertigung, wenn man einen entsprechende Vorrichtung angefertigt und die Tischkreissäge entsprechend eingerichtet hat.

Fingerzinken

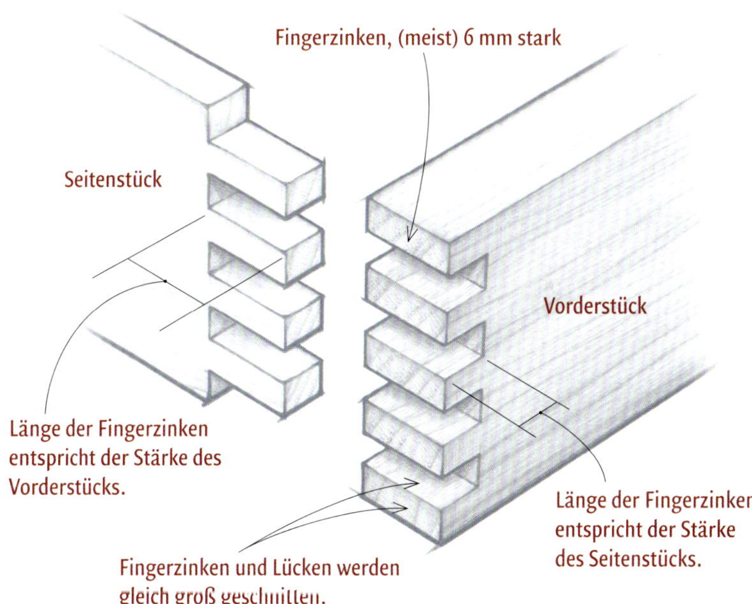

Drahtklammern werden durch Aufdopplung verborgen. Bei einer Schublade mit Aufdoppelung kann man Klammern durch das Vorderstück in die Seitenstücke treiben. Das ergibt – vor allem in Sperrholz – eine belastbare Verbindung. Die Aufdopplung deckt dann die Klammern ab.

Falz

Ein einfacher Falz kann, wie unten beschrieben, mit zwei Schnitten an der Tischkreissäge hergestellt werden. Alternativ kann man den Falz auch in einem Durchgang mit einem Nutsägeblatt an der Tischkreissäge schneiden, indem man das Material flach so auf den Arbeitstisch legt, dass das Hirnholz am Parallelanschlag anliegt. Um den Parallelanschlag zu schützen, sollte man für diesen Arbeitsgang einen Zusatzanschlag aus Holz anbringen, in den man hineinschneidet.

1. Schneiden Sie zuerst mit einem normalen Sägeblatt an der Tischkreissäge auf der flach auf dem Arbeitstisch liegenden Innenseite des Materials ein.
2. Nehmen Sie den Verschnitt dann ab, indem Sie das Material in einer Vorrichtung zum Zapfenschneiden senkrecht über das Sägeblatt führen.

Ausgefälzte Nut-und-Feder-Verbindung

1. Schneiden Sie zuerst die Nut in das Seitenstück. Schneiden Sie mit einem normalen Sägeblatt eine Nut von 3 bis 4 mm Breite und gleicher Tiefe, sodass die Nut und die zugehörige Feder einen quadratischen Querschnitt haben, was die Verbindung belastbarer macht. 1
2. Schneiden Sie am Vorderstück eine Feder an, die in die Nut passt, und schneiden Sie dann den Falz für das Seitenstück. Das lässt sich mit einer Reihe von Schnitten leicht ausführen, wenn man das Material mit einer Zapfenschneidevorrichtung führt. 2 Stecken Sie die Verbindung zur Probe trocken zusammen, geben Sie dann Leim an und ziehen Sie die Schubladenteile mit Zwingen zusammen, während der Leim trocknet. Kontrollieren Sie die Winkel der Schublade auf Rechtwinkligkeit, bevor Sie sie zum Trocknen beiseitelegen.

Mit Bambus verstärkt. Eine einfache gefälzte Verbindung muss zusätzlich zur Verleimung noch verstärkt werden, und auch bei einer ausgefälzten Nut-und-Federverbindung kann eine Verstärkung nicht schaden. Durch Holznägel, die man aus 3 mm starken Bambusspießen herstellt, wird die Verbindung nicht nur verstärkt, sondern auch optisch aufgewertet.

Zuerst die Seitenstücke nuten. Schneiden Sie die Nuten in die Seitenstücke am Queranschlag der Tischkreissäge mit einem normalen Sägeblatt. Mit einem Schnitt erzielen Sie je nach Sägeblatt eine 2 oder 3 mm breite Nut. Verstellen Sie den Parallelanschlag um 1 oder 2 mm, falls Sie eine etwas breitere Nut wünschen.

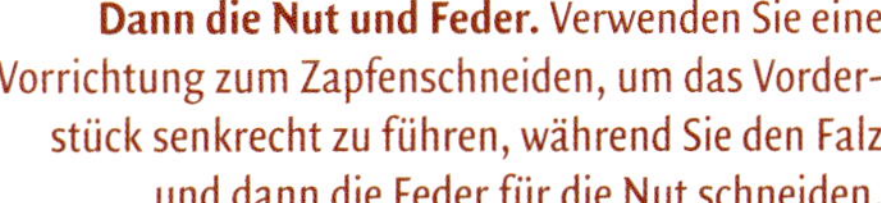

Dann die Nut und Feder. Verwenden Sie eine Vorrichtung zum Zapfenschneiden, um das Vorderstück senkrecht zu führen, während Sie den Falz und dann die Feder für die Nut schneiden.

Vorrichtung zum Schneiden von Fingerzinken

Eine Vorrichtung zum Schneiden von Fingerzinken ist einfach nur ein Hilfsanschlag aus 20 mm starkem Sperrholz, den Sie am Queranschlag Ihrer Tischkreissäge anbringen. Mein Exemplar misst etwa 150 x 450 mm. Am Anschlag ist einer Registerstift aus Laubholz angebracht, der in den jeweilig vorhergegangenen Schnitt gesteckt wird, um den nächsten Schnitt auszuführen.

1. Stellen Sie zuerst den Hilfsanschlag her.
2. Um den Registerstift herzustellen, schneiden Sie eine kurze Laubholzleiste auf genau die Stärke zu, die später die Fingerzinken haben sollen. Die Breite des Stifts sollte etwas geringer sein als die gewünschte Länge des Fingers.
3. Verwenden Sie das gleiche Nutsägeblatt, mit dem Sie die Verbindung am Werkstück schneiden werden, und sägen Sie eine Ausklinkung in den Hilfsanschlag. Leimen Sie den Registerstift in die Ausklinkung.
4. Spannen Sie die Vorrichtung am Queranschlag oder einem Ablängschlitten an, und verwenden Sie einen Rest der Leiste, aus der Sie den Registerstift geschnitten haben, um die Vorrichtung korrekt am Sägeblatt auszurichten. Legen Sie das Reststück beiseite, Sie werden es auch beim Schneiden der Verbindung benötigen.

Das Material wird mit Stiften ausgerichtet. Bringen Sie den Hilfsanschlag mit seinem Registerstift am Queranschlag oder einem Ablängschlitten an. Legen Sie ein Stück der Leiste, aus der Sie den Registerstift geschnitten haben, zwischen das Sägeblatt und den Registerstift, um den Hilfsanschlag in die richtige Stellung zum Sägeblatt zu bringen.

Fingerzinken

1. Berechnen Sie, wie breit das Material für das Werkstück sein muss. Addieren Sie dafür die Breite der aller Zinken und Lücken. Schneiden Sie die Teile auf die errechnete Breite oder etwas breiter. Falls notwendig können Sie die Stück auf Endbreite verputzen, nachdem Sie die Verbindung angeschnitten haben.
2. Um saubere Schnitte zu erzielen, kann man die Brüstungen aller Zinken vorher mit einem schneidenden Streichmaß anreißen, bevor man die Schnitte ausführt.
3. Beginnen Sie mit dem Vorderstück der Schublade, stellen Sie es senkrecht an die Vorrichtung, sodass eine Kante am Registerstift anliegt, und schneiden Sie die erste Lücke. 1
4. Schieben Sie diese Lücke über den Registerstift, und schneiden Sie die zweite Lücke. 2
5. Fahren Sie auf diese Weise fort, bis Sie die gegenüberliegende Kante des Werkstücks erreicht haben. 3
6. Falls das Gegenstück der Verbindung (das Seitenstück der Schublade) dünner ist als das Vorderstück, muss das Sägeblatt entsprechend der Stärke des Vorderstücks angehoben werden.
7. Stellen Sie das Material so gegen die Vorrichtung, dass die gleiche Kante am Registerstift anliegt wie beim Schneiden des ersten Teils. Legen Sie einen zugeschnittenen Fingerzinken zwischen den Registerstift und das Sägeblatt, um den richtigen Abstand zu erhalten. 4
8. Halten Sie das Material fest, entnehmen Sie den Reservefingerzinken, und schneiden Sie die erste Brüstung an. 5
9. Verwenden Sie wie zuvor die erste Lücke, um das Material für den nächsten Schnitt auszurichten. 6
10. Fahren Sie auf diese Weise fort, bis Sie die Brüstung an der gegenüberliegenden Kante angeschnitten haben. 7
11. Falls Sie wie empfohlen das Material mit leichter Überbreite zugeschnitten haben, müssen Sie jetzt unter Umständen noch den Überstand an den Kanten abnehmen, damit die Verbindung mit Zinken und Lücken in voller Breite endet.
12. Geben Sie Leim an die Verbindung, und setzen Sie Zwingen an. Eine Verstärkung der Verbindung ist nicht notwendig. 8

Clever arbeiten

Die Wangen von Verbindungen mit einem schneidenden Streichmaß anzureißen, ist ein gutes Verfahren für alle Verbindungsarbeiten, weil es eine klare und saubere Wangenlinie und eine dicht aussehende Verbindung ergibt.

Für den ersten Schnitt am Registerstift anlegen. Der erste Schlitz im Vorder- oder Hinterstück wird geschnitten, indem man das Material senkrecht an den Hilfsanschlag stellt und am Registerstift anlegt.

Der zweite Schlitz wird anhand des ersten positioniert. Schieben Sie einfach den ersten Stift über den Registerstift, um den zweiten Schlitz zu schneiden.

Weiterer Schlitze schneiden. Schneiden Sie die anderen Schlitze, indem Sie jeweils den Registerstift in den vorherigen Schlitz schieben, bis Sie die gegenüberliegende Seite des Bretts erreicht haben.

Zuerst die Wange. Richten Sie das Gegenstück aus, indem Sie den Restholzstift am Registerstift der Vorrichtung und gegen das Werkstück anlegen. Entfernen Sie den Restholzstift, und führen Sie dann den Schnitt aus, mit dem die erste Wange geschnitten wird.

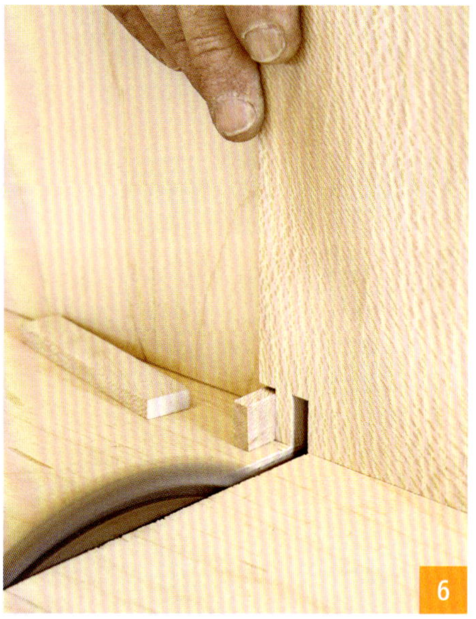

Die Wange positioniert den Schlitz. Um den ersten Schlitz zu schneiden, wird die Wange gegen den Registerstift gelegt und die Vorrichtung über das Sägeblatt geschoben.

Dann die zweite Wange schneiden. Schneiden Sie wiederholte Schlitze wie zuvor, bis Sie den letzten Wangenschnitt an der gegenüberliegenden Brettseite ausgeführt haben.

Ganze Finger. Die fertige Verbindung hat oben wie unten Finger in ganzer Breite am Schubladenvorderstück (im Bild rechts), und muss nur mit Leim versehen werden, um zusammenzuhalten.

Schwalbenschwänze

Schwalbenschwanzverbindungen können zwar recht ungewöhnliche Formen annehmen, aber die häufigsten Varianten – die offene und halbverdeckte Schwalbenschwanzzinkung sowie die Gratnut – werden alle beim Schubladenbau eingesetzt.

Bei vielen Schubladentypen ist die halbverdeckte Schwalbenschwanzzinkung die häufigste Verbindung an den vorderen Ecken. Von vorne ist die Verbindung nicht zu sehen, sie ist also eine gute Wahl für Möbel, bei denen die Verbindungen nicht sichtbar sein sollen. Wie jede Schwalbenschwanzverbindung ist auch die halbverdeckte Zinkung unglaublich belastbar, weil die schräg angeschnittenen Zinken und Schwalben ineinander greifen und die Teile formschlüssig verbinden. Außerdem sieht sie einfach sehr gut aus. Man kann die halbverdeckte Schwalbenschwanzzinkung in Handarbeit anschneiden oder eine Vorrichtung verwenden.

Offene Schwalbenschwanzzinkungen sind leichter herzustellen als die halbverdeckte Variante. Man kann sie je nach Wunsch verwenden, um das Vorderstück mit den Seitenstücken zu verbinden. Dann dienen die Hirnholzenden der Schwalben als dekoratives Ele-

Halbverdeckte Schwalbenschwanzzinkung

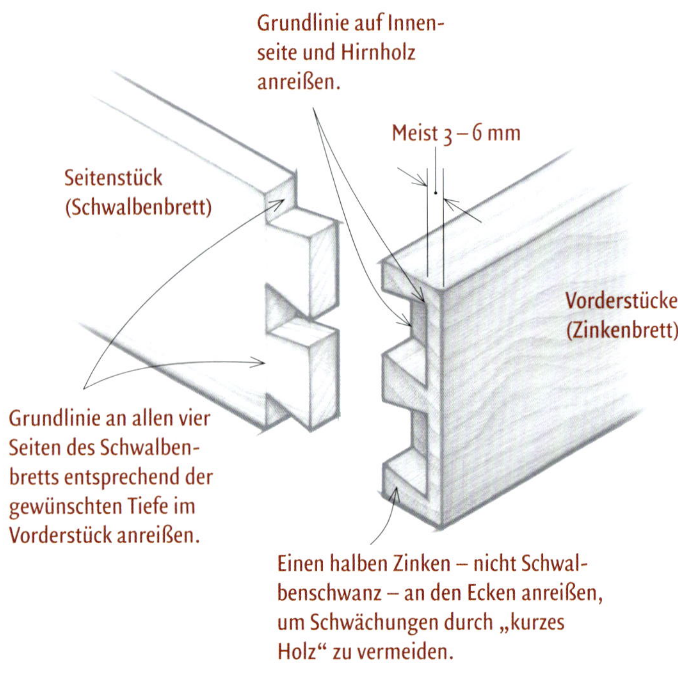

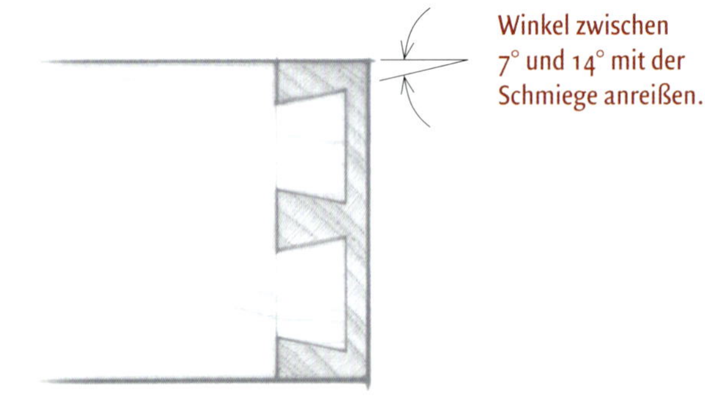

Offene Schwalbenschwanzzinkung

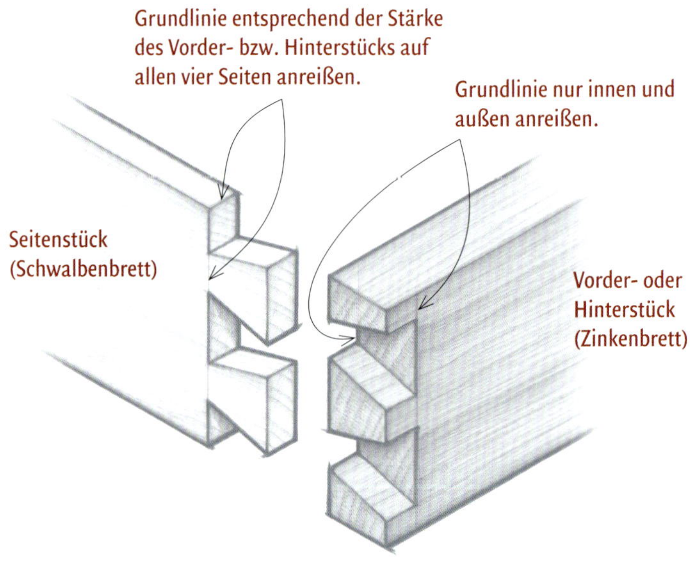

Gratnut

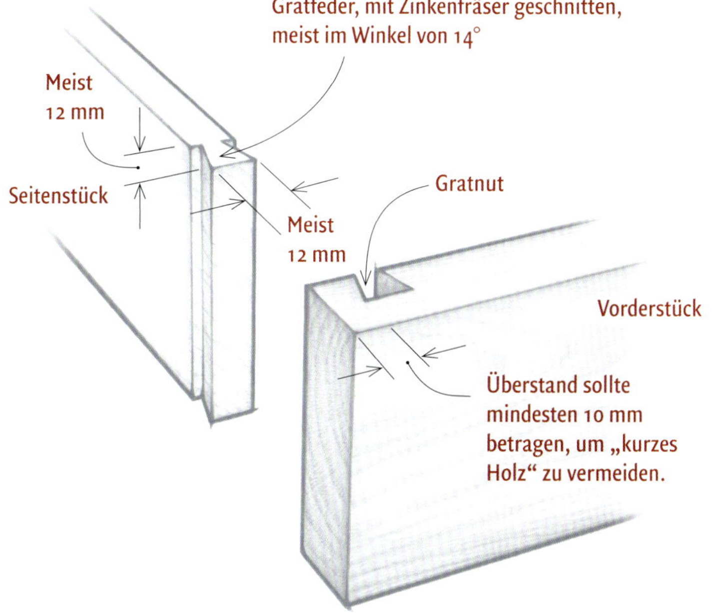

Abgesetzte Gratnut

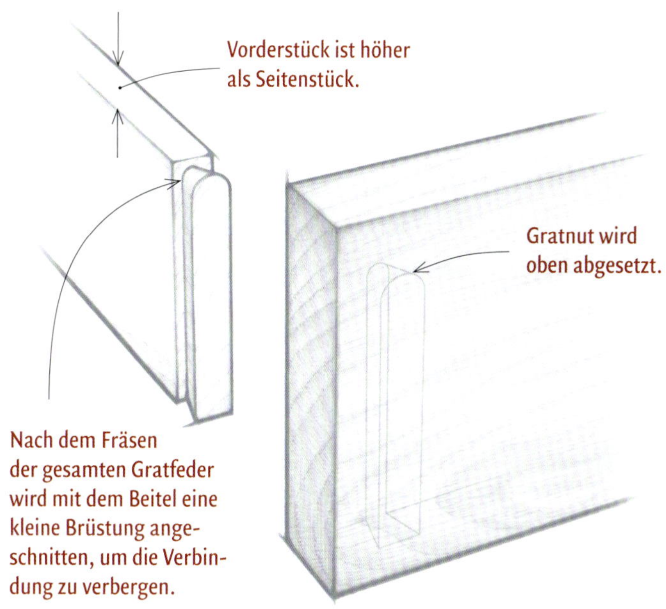

ment an der Vorderseite der Schublade. Häufiger wird die offene Schwalbenschwanzzinkung jedoch eingesetzt, um das Hinterstück mit den Seitenstücken zu verbinden. Man sieht das vor allem bei hochwertigen Schubladen. Offene Schwalbenschwanzzinkungen lassen sich mit einer Vorrichtung oder in Handarbeit anfertigen.

Die Gratnutverbindung ist sehr belastbar und lässt sich an einem passend eingerichteten Handoberfräsentisch erstaunlich schnell schneiden. Der Nachteil besteht darin, dass sich die Verbindung nur bei Schubladen einsetzen lässt, deren Vorderstücke über die Seitenstücke hinausragen. Allerdings ist sie deshalb gut für Schubladen mit Metallauszügen oder anderen seitlich auskragenden Führungssystemen geeignet, weil der Überstand des Vorderstücks die Führungen nach vorne verdeckt.

Eine Variante ist die abgesetzte Gratnutverbindung, bei der die Verbindung verdeckt ist und das Vorderstück auch höher ist als die Seitenstücke. Dies ist eine nützliche Verbindung, wenn ein Schubladenvorderstück benötigt wird, das höher ist als die Seitenstücke, etwa wenn sich oberhalb einer Schublade mit Aufdopplung ein Zwischenboden im Möbelkorpus befindet.

Die Herstellung einer halbverdeckten Schwalbenschwanzzinkung mit einer Vorrichtung

Eine der leichtesten Methoden, um eine halbverdeckte Schwalbenschwanzzinkung zu schneiden, ist die Verwendung eines kommerziellen Zinkenfräsgeräts und einer Handoberfräse, die mit einer Kopierhülse und einem Zinkenfräser ausgerüstet ist. (Mit vielen dieser Vorrichtungen kann man sowohl offene als auch halbverdeckte Schwalbenschwanzzinkungen schneiden.) Um das Gerät zu verwenden, werden die Schubladenseitenstücke senkrecht vor das Gerät gespannt, während das Vorder- und Hinterstück waagerecht auf der Oberseite festgespannt werden. Beim Fräsen von halbverdeckten Schwalbenschwanzzinkungen werden die Schwalben und die Zinken in einem Durchgang geschnitten, indem die Kopierhülse in einer Schablone geführt wird, die an dem Gerät befestigt ist. Die Geräte werden immer mit ausführlichen Anleitungen des Herstellers ausgeliefert, aber ich fasse den Vorgang im Folgenden zusammen.

Anschläge einstellen. Die Anschläge an beiden Enden des Geräts richten das Material in der korrekten Position aus. Die selbst angebrachten Markierungen kennzeichnen die Stellung des linken, rechten, vorderen und hinteren Endes der Schubladenvorder-, -hinter- und -seitenstücke, um Irrtümer zu vermeiden.

Kopierhülse und Führung. Eine Kopierhülse in der Handoberfräse wird durch die Führungsfinger einer Metallschablone geführt, um die halbverdeckten Schwalbenschwänze und die zugehörigen Aufnahmen zugleich zu schneiden.

1. Stellen Sie die Anschläge für das Vorder- und Hinterstück am Gerät ein. Irrtümer lassen sich vermeiden, wenn man am Gerät die Einstellungen für die linke, rechte, vordere und hintere Kante der Schubladenteile kennzeichnet. 1
2. Rüsten Sie Ihre Handoberfräse mit der Kopierhülse und dem Zinkenfräser auf, die mit dem Gerät geliefert wurden. Stellen Sie die Schnitttiefe gemäß den Angaben des Herstellers ein.
3. Fräsen Sie die Schwalben und Zinken, wenn die Schubladenteile so eingespannt sind und der Fräser so eingestellt ist, wie es die Bedienungsanleitung des Geräts vorschreibt. 2
4. Reißen Sie nach dem Fräsen der Zinken und Schwalbenschwänze die Nut für den Schubladenboden so an, dass sie mittig in einer Schwalbe liegt und so den Blicken verborgen bleibt. Schneiden Sie die Nut an der Tischkreissäge.
5. Bauen Sie den Schubladenkasten zusammen. Leichtes Schleifen sollte ausreichen, um die Seitenstücke säubern und die Verbindung bündig zu verputzen. 3

Clever arbeiten

Es ist am besten, wenn man die Höhe der Schublade nach Maßgabe der Abstände der Führungsfinger im Gerät festlegt. Dies trifft besonders dann zu, wenn die Verbindung jeweils mit einem halben Zinken anfangen und Enden soll, was die beste Konstruktionsweise einer Schwalbenschwanzzinkung ist, oder falls unterhalb der Nut für den Boden auf jeden Fall ausreichend Holz stehen bleiben soll, um Stabilität zu gewährleisten.

Belastbar und dicht. Die verleimte und zusammengesteckte Verbindung muss nur leicht mit dem Hobel oder Schleifpapier verputzt werden, bevor die Schublade eingesetzt wird.

3

Leim entfernen

Die Verwendung von zu viel Leim bei der Montage ist nicht nur eine Verschwendung, sie führt auch zu Verschmutzungen des Werkstücks, der Hobelbank und der eigenen Person. Auch bei sparsamen und sorgfältigen Leimauftrag tritt überschüssiger Leim aus den Verbindungen aus, wenn sie zusammengesteckt werden. Es empfiehlt sich, diesen Überschuss zu entfernen, bevor man eine Oberflächenmittel aufträgt, weil der Leim sonst als Fleck durch das Mittel hindurch scheint. Man kann warten, bis der Leim etwas angetrocknet ist, und ihn dann mit dem Beitel abschälen, aber ich ziehe es vor, das Problem anzugehen, sobald es entstanden ist, und entferne den Leim sofort mit einem feuchten – nicht nassen – Tuch und einem scharfen Stechbeitel.

Wischen, abschälen und wieder wischen. Reiben Sie die Oberfläche mit einem feuchten Tuch ab, dass sie immer wieder neu falten, um eine saubere Stelle zu erhalten. Schälen Sie dann den Leim mit einem scharfen Stechbeitel in einer ziehenden Bewegung von der noch nassen Oberfläche ab. Wischen Sie dann noch einige Mal mit dem Tuch nach.

Halbverdeckte und offene Schwalbenschwanzzinkungen in Handarbeit

Die halbverdeckte und die offene Schwalbenschwanzzinkung sind ein Ausweis hohen handwerklichen Könnens und sind als solche seit Jahrhunderten in hochwertigen Möbeln eingesetzt worden. Auch heute noch sind sie der Maßstab, an dem moderne Verbindungen im Schubladenbau gemessen werden. Man kann zwar beide Verbindungen mit einem Gerät herstellen, aber die Anfertigung in Handarbeit bietet Gelegenheit, seine Fertigkeiten im Umgang mit Handwerkzeugen zu verbessern und legt optisches Zeugnis von feiner Handwerkskunst ab. Ich greife bei meinen besten Arbeiten in der Regel auf mit der Hand gearbeitete Versionen dieser Verbindungen zurück.

Meist schneide ich die Schwalbenschwänze zuerst, und verwende sie dann, um die Zinken anzureißen. Es gibt Holzwerker, die genau umgekehrt vorgehen. Beide Methoden funktionieren. Ich erkläre im Folgenden meine Methode, bei der zuerst die Schwalben geschnitten werden.

1. Stellen Sie ein Streichmaß auf die Materialstärke (und bei halbverdeckten Schwalbenschwanzzinkungen auf die gewünschte Länge der Schwalben) ein, und reißen Sie die Grundlinien der Verbindungen auf den Brettern an.
2. Reißen Sie mit Schmiege und Bleistift die Schwalben im gewünschten Abstand und mit einem Winkel zwischen 7 und 14 Grad an (der genaue Winkel ist eine Frage der Ästhetik, die Ihnen überlassen bleibt, die Belastbarkeit wird dadurch kaum beeinflusst).
3. Traditionalisten schneiden die Schwalben mit der Handsäge, aber ich „schummele“ etwas und verwende die Bandsäge. Ich finde, die Arbeit geht schneller und das Ergebnis ist, sogar bei Anfängern, genauer. Man schneidet einfach jeden Winkelschnitt bis zur Grundlinie und versuch dabei, möglichst gerade und genau am Riss zu schneiden. 1 Entfernen Sie mög-

Die Zinken anreißen. Halten Sie das Material sicher, und verwenden Sie ein langes, spitzes Messer, um die Umrisse der Schwalbenschwänze auf das Zinkenbrett zu übertragen.

Die Bandsäge sorgt für senkrechte Schnitte. Schneiden Sie zuerst die Schwalbenschwänze, möglichst gerade an jeder angerissenen Linie entlang bis zur Grundlinie. Wenn Ihr Bandsägeblatt senkrecht zum Arbeitstisch der Bandsäge läuft, werden auch die Wangen der Schwalbenschwänze senkrecht zur Fläche des Bretts stehen.

An der Vorderseite schräg. Schneiden Sie die halbverdeckten Zinken im Schubladenvorderstück, indem Sie das Werkstück senkrecht in die Bankzange einspannen und im Winkel bis zu den Grundlinien auf der Innenseite und am Ende einschneiden.

Am Hinterstück gerade drüber. Die offenen Zinken am Schubladenhinterstück werden geschnitten, indem die Säge waagerecht über das Stirnholz geführt wird. Schneiden Sie ein, bis die Säge auf beiden Seiten die angerissene Grundlinie erreicht hat.

lichst viel vom Verschnitt, wobei Sie bis dicht an die Grundlinie schneiden.

4. Stechen Sie den verbliebenen Verschnitt mit dem Beitel bis direkt an den Riss ab, wobei Sie von jeder Seite aus leicht hinterschneiden.
5. Benutzen Sie die Schwalben, um die Zinken auf dem Vorder- oder Hinterstück (dem sogenannten Zinkenbrett) anzureißen. Spannen Sie das Zinkenbrett senkrecht in der Bankzange ein, sodass das obere Ende mit einem Stück Restholz fluchtet, das sie unter das Schwalbenbrett gelegt haben. Richten Sie die Kanten der beiden Schubladenteile bündig aneinander aus, indem Sie ein grades Stück Holz gegen sie legen. Falls Sie eine offene Schwalbenschwanzzinkung schneiden, wird das Schwalbenbrett so weit an diesem Holzstück nach vorne geschoben, dass seine innere Grundlinie mit der Innenseite des Zinkenbretts fluchtet. Falls Sie eine halbverdeckte Verbindung schneiden, wird das Ende des Schwalbenbretts an der angerissenen Grundlinie am Ende des Zinkenbretts ausgerichtet.
6. Üben Sie Druck auf die Werkstücke aus, und reißen Sie mit einer scharfen Schneide (eines Anreißmessers zum Beispiel) die Umrisse der Schwalben auf den Zinkenbrett an. 2
7. Verwenden Sie eine feine Säge, um die Wangen der halbverdeckten Zinken auf der Vorderseite anzuschneiden, indem Sie zwischen den angerissenen Linien einen geneigten Schnitt ansetzen. 3
8. Die Wangen der offenen Zinken am Hinterstück werden einfach von oben senkrecht eingeschnitten. 4
9. Stechen Sie den Verschnitt ab. Spannen Sie das Werkstück sicher in der Hobelbank ein, und beginnen Sie mit einem einzelnen, sehr leichten Schnitt, der in der Mitte des Verschnitts

Zuerst die Brüstung anschneiden. Schneiden Sie mit dem Stechbeitel mit leichten Schnitten bis zur Grundlinie ein, um die Brüstung zu etablieren. Der Verschnitt wird vorsichtig mit dem Beitel abgehoben.

Nach unten einschneiden, bevor eingestochen wird. Schneiden Sie an der Grundlinie direkt nach unten ein. Zuerst mit relativ leichten Schnitten, bevor dann der Verschnitt nach innen hin abgestochen wird.

angesetzt wird und vom Hirnholz des Werkstücks nach innen bis zur angerissenen Linie führt. 5

10. Stechen Sie an der Grundlinie abwechselnd von beiden Seiten her nach unten ein, und entfernen Sie dann den Verschnitt mit Schnitten von der Stirnseite her. 6
11. Die halbverdeckten Zinken werden fertiggestellt, indem man das Werkstück senkrecht einspannt und leicht bis zur Grundlinie und den noch nicht geschnittenen Innenecken einsticht. 7 Verwenden Sie einen schmalen Beitel, um das Hirnholz in den Ecken zu verputzen.
12. Beim Zinkenbrett der offenen Schwalbenschwanzzinkungen wird das Brett gewendet, wenn man bis zur Hälfte eingestochen hat, und dann wird der Großteil des Verschnitts auf die beschriebene Weise entfernt. 8
13. Stechen Sie mit einem schmalen Beitel eventuelle verbliebene Holzfasern an der Grundlinie der Zinken ab.
14. Stecken Sie die Verbindung vorsichtig trocken zusammen, um Stellen zu ermitteln, die eventuell mit dem Stechbeitel noch nachgearbeitet werden müssen. Nehmen Sie die Teile genauso vorsichtig wieder auseinander, um zu vermeiden, dass die Holzfasern einreißen. Wenn sich die Verbindungsteile lückenlos bis an den Grund ineinanderstecken lassen, können Sie Leim angeben und die Verbindung zusammenstecken.

7

Die Ecken nachstechen. Da man mit der Säge nicht bis in die Ecken schneiden kann, werden die Zinken der halbverdeckten Verbindung mit dem Beitel bis zur Grundlinie und in die Ecken nachgestochen.

8

Von der anderen Seite einstechen. Wenn man bis zur halben Materialstärke eingestochen hat, dreht man das Zinkenbrett um und entfernt den Verschnitt, indem man von der anderen Seite einsticht. Danach wird mit einem schmalen Beitel verputzt.

Gratnutverbindungen mit der Handoberfräse

Beim Schneiden der Gratnutverbindung muss man den gleichen Zinkenfräser für die Gratnut und die Gratfeder verwenden.

1. Legen Sie das Werkstück am Anschlag des Handoberfräsentischs an und verwenden Sie ein breites Brett dahinter, um es über den Fräser zu schieben, damit es sich beim Schneiden der Gratnut nicht verkantet. 1 Bei harten oder zähen Hölzern kann man an der Tischkreissäge eine normale Nut vorschneiden, um möglichst viel Verschnitt zu entfernen und so den Zinkenfräser weniger zu strapazieren.
2. Bringen Sie den Anschlag des Handoberfräsentischs etwas nach vorne, ohne die Schnitthöhe des Fräsers zu verändern, um die Gratfeder anzuschneiden. Führen Sie das Werkstück senkrecht mit Hilfe eines breiten Schiebestücks am Anschlag entlang. Faserausrisse an der hinteren Austrittstelle lassen sich durch geringe Vorschubgeschwindigkeit reduzieren.
3. Drehen Sie das Werkstück um, und wiederholen Sie den Schnitt, um die Gratfeder fertigzustellen. 2
4. Geben Sie Leim an die Verbindung, und treiben Sie die Gratfeder mit Klüpfel- oder Hammerschlägen in die Gratnut. Der Leim hilft beim Zusammenstecken der Verbindung und verhindert, dass sich die Teile gegeneinander verschieben. 3

Wenn Sie für das Vorder- und Seitenstück kontrastierende Holzarten verwenden, wirkt die Verbindung nach Auftrag eines Oberflächenmittels sehr auffällig und dekorativ. 4

Zuerst die Gratnut. Stellen Sie die Schnitttiefe auf die gewünschte Höhe der Feder ein, und fräsen Sie zuerst die Gratnut im Vorderstück. Ein breites Führungsbrett hinter dem Werkstück hilft, dieses zu führen und verhindert Faserausrisse an der Austrittsstelle.

Die Nutfeder wird mit einer Einstellung geschnitten. Auch hier wird das Werkstück mit einem breiten Führungsholz vorgeschoben. Der Schnitt wird mit dem gleichen Fräser und unveränderter Schnitttiefe ausgeführt. Nachdem eine Seite der Gratfeder angeschnitten ist, wird das Werkstück umgedreht, um die anderer Seite zu fräsen.

Eintreiben. Da die Verbindungsoberfläche so groß ist, muss die Gratfeder mit dem Hammer in die Nut eingetrieben werden. Wenn man kontrastierende Holzarten verwendet, ist die Verbindung ein Blickfänger.

Montage der Schublade

Die meisten Schubladen lassen sich mit etwas Leim, einigen Zwingen und vielleicht noch Nägeln oder Drahtstiften leicht zusammenbauen. Sie sollten Ihr Augenmerk vor allem darauf richten, dass der Schubladenkasten rechtwinklig und eben ist, damit er sich später leicht in den Möbelkorpus einpassen lässt. Bei den meisten Verbindungen gebe ich den Leim mit einem extra Leimpinsel an (wie er auch beim Löten verwendet wird, um das Flussmittel aufzutragen), der präzisen Auftrag ermöglicht. Man sollte vor der Arbeit alle Materialien und Hilfsmittel zurecht legen, damit man schnell arbeiten kann, bevor der Leim trocknet.

Zur Montage der Schublade gehört auch das Anbringen des Bodens. Es gibt verschiedene Möglichkeiten, einen Schubladenboden zu gestalten. Darauf gehe ich gleich ein.

Schwalbenschwanzzinkungen zusammenfügen

Das Verleimen von Schwalbenschwanzzinkungen kann etwas schwierig sein, man sollte also die Arbeitsschritte genau befolgen, um erfolgreich zum Ziel zu kommen.

Volle Abdeckung. Verwenden Sie einen kleinen Pinsel, um eine gleichmäßige, dünne Leimschicht auf allen inneren Verbindungsflächen aufzutragen.

Clever arbeiten

Um Schwalbenschwanzzinkungen zu verleimen, sollte man Tischlerleim (PVAC-Klebstoff) verwenden, da er eine relative hohe Offenzeit hat, sodass man mehr Zeit hat, die Verbindung zusammenzustecken, bevor der Leim abzubinden beginnt.

Die Kiste zumachen. Bringen Sie das Hinterstück auf die gleiche Weise am Seitenstück an, wie das Vorderstück. Legen Sie dann das andere Seitenstück auf, und drücken Sie es ein. Man sollte mit der Faust hinreichend Druck ausüben können, aber es empfiehlt sich dennoch, Zwingen zur Hand zu haben.

1. Geben Sie zuerst an der Innenseite des Schwalbenbretts etwas Leim an die Schwalbenschwänze und entlang der Lücken für die Zinken an. Tragen Sie auch Leim auf die Hirnholzflächen der halbverdeckten Schwalbenschwänze auf.
2. Geben Sie Leim an das Zinkenbrett an: auf die Innenflächen und beide Wangen der Zinken und auf die benachbarten Grundlinienflächen. 1
3. Wenn alle Teile der Verbindung mit Leim bedeckt sind, stecken Sie die Verbindung an einem Ende des Vorderstücks mit der Hand zusammen.
4. Bringen Sie dann das Hinterstück an, und schließen Sie den Schubladenkasten, indem Sie zuletzt das verbliebene Seitenstück in das Vorder- und Hinterstück einstecken. 2
5. Gut passende Schwalbenschwanzzinkungen sollten ohne Zwingen verleimt werden können. Wenn alle Verbindungen zusammengesteckt worden sind, werden sie einfach mit einer Holzzulage und leichten Schlägen eines Hammers zusammengetrieben. 3 Dennoch ist es empfehlenswert, einige Zwingen zur Hand zu haben. Ich habe selbst schon erlebt, wie ein Tisch-

Eintreiben, nicht zusammenpressen. Die Verbindung wird zusammengefügt, indem man eine Keilzulage über jeden Schwalbenschwanz legt und mit dem Hammer darauf schlägt.

Mit dem Maßstock auf Rechtwinkligkeit prüfen. Verwenden Sie einen Maßstock, um die Schublade auf Rechtwinkligkeit zu prüfen. Man misst die beiden Diagonalen und drückt die Schublade zurecht, bis die Diagonalen gleich lang sind. Kontrollieren Sie bei hohen Schubladen mehrmals in unterschiedlichen Höhen, um festzustellen, ob die Schublade windschief ist.

lermeister zum Zwingenregal lief, weil er bei einer unerwartet renitenten Verbindung Druck ausüben musste.

6. Kontrollieren Sie die Winkel der Schublade auf Rechtwinkligkeit, bevor Sie sie zum Trocknen beiseitelegen. Achten Sie darauf, diese Kontrolle auf einer absolut ebenen Fläche auszuführen, um ein genaues Ergebnis zu erhalten. Man kann auf Rechtwinkligkeit kontrollieren, indem man die Länge der beiden Diagonalen vergleicht und den Korpus so zurechtdrückt, dass die Werte übereinstimmen. Ein genaueres Verfahren, vor allem bei hohen Schubladen, ist jedoch die Verwendung eines Maßstocks anstatt des Bandmaßes, mit dem man die Rechtwinkligkeit in verschiedenen Höhen kontrollieren kann. 4
7. Falls die Schublade auf einer ebenen Fläche wippt, ist sie in sich verzogen. Falls der Verzug nicht zu stark ist, kann man ihn oft beseitigen, indem man die Oberkanten der Schublade beschwert, während der Leim trocknet. Versuchen Sie es aber nicht mit Gewalt; ein mittelgroßer Metallhobel oder etwas Ähnliches sollten vollkommen ausreichen. Wenn die Schublade auf Rechtwinkligkeit und Ebenheit kontrolliert worden ist, stellt man sie auf einer absolut ebenen Unterlage ab, bis der Leim trocken ist.

Lücken schließen

Sekundenschnelle Rettung. Cyanacrylklebstoff ist gut geeignet, um kleine Lücken zu füllen. Man drückt ihn in die Fugen und reibt die Stelle sofort mit feinen Hobelspänen ab oder schleift ihn mit feinem Schleifpapier, um Holzstaub in den Klebstoff zu drücken.

Vollkommenheit ist beim Holzwerken ein Ziel, das man anstrebt, aber nur selten erreicht. Auch die besten unter uns schneiden manchmal Verbindungen, in denen sich Lücken zeigen. Um diesem Missstand abzuhelfen, gibt es verschiedene Methoden. Cyanacrylatklebstoff („Sekundenkleber") gibt es in verschiedenen Viskositäten, und er ist gut geeignet, kleinere Fugen zu füllen. Man gibt etwas von einer niedrigviskosen Sorte in die Fuge und reibt den Klebstoff sofort mit etwas Schleifpapier oder ein paar Hobelspänen ein. Der Klebstoff härtet in Sekunden aus, danach kann man ihn glatt schleifen. Nötigenfalls kann man den Vorgang einige Male wiederholen, bis die Fugen gefüllt sind und bündig mit dem umgebenden Holz abschließen. Mehrere Schleifgänge mit feiner werdendem Schleifpapier und der Auftrag eines Oberflächenmittels machen die Reparatur unauffällig. Falls die Lücke größer ist, kann man einen kleinen Holzkeil hineinleimen. Lassen Sie den Leim trocknen, schneiden Sie ihn mit dem Stechbeitel bündig, und schleifen Sie ihn glatt. Der „Fehler" ist danach nicht mehr zu sehen.

Eine andere Methode besteht darin, zu warten, bis man die letzte Schicht des Oberflächenmittels auf das Werkstück einschließlich der problematischen Stelle aufgetragen hat. Während die letzte Schicht trocknet, füllt man eventuelle Lücken, indem man unter mäßigem Druck mit einem farbigen Wachsstift darüber fährt. Diese Wachsstifte gibt es in fast jeder denkbaren Holzfarbe, sie sind im Fachhandel für Oberflächenmittel zu erhalten. Polieren Sie das Gebiet anschließend mit einem weichen Tuch nach, um überständiges Wachs zu entfernen.

Verkeilen. Bei größeren Lücken kann man einen kleinen Keil aus dem gleichen Holz einleimen. Wenn der Leim getrocknet ist, wird der Keil bündig verputzt, und die Lücke ist verschwunden.

Den Schubladenboden anbringen

Wenn Ihre Arbeit besonders hochwertig wirken soll, können Sie die Schubladenböden aus Vollholz herstellen, so wie es traditionell gemacht wurde. Allerdings kann das eine Breitenverleimung von Brettern zu einer Platte erfordern. Viele Holzwerker ziehen deshalb Sperrholz vor, das in größeren Abmessungen zu erhalten ist. Ein Schubladenboden kann so stark sein, wie die Nuten breit sind, in die er eingelegt wird. Man kann aber auch einen stärkeren Boden verwenden und seine Kanten ausfälzen oder anfasen. Bei mittelgroßen Schubladen empfehle ich die Verwendung von stärkeren Böden. Ein 6 mm starker Boden ist zwar vollkommen ausreichend, aber das scheppernde Geräusch, das er von sich gibt, wenn man etwas in die Schublade fallen lässt, wirkt nicht unbedingt vertrauenserweckend. Verwenden Sie deshalb bei anspruchsvollen Arbeiten lieber Schubladenböden aus steiferem, 10 oder 12 mm starkem Sperrholz oder aus Vollholz.

Anstatt dann die meist 6 mm breite Nut in den Seiten- und Vorderstücken zu verbreitern, um einen stärkeren Boden aufzunehmen, sollte man lieber die Kanten des Bodens ausfälzen oder anfasen. Traditionell werden die Kanten eines Vollholzbodens so angefast, dass die Fase auf der Unterseite der Schublade liegt. (Das funktioniert auch bei Sperrholz.) Die Arbeit lässt sich an der Tischkreissäge leicht ausführen. Stellen Sie den Schnitt mit einem Stück Restholz ein, indem Sie den Anschlag so verstellen, dass die angefaste Kante in die Nut passt. Denken Sie daran, dass bei Vollholzböden die Holzfaser von Schubladenseite zu Schubladenseite verlaufen muss. (Siehe „Anatomie einer Schublade“, Seite 12)

Man kann die Kanten auch an der Tischfräse oder einem Handoberfräsentisch schneiden und dabei einen Abplattfräser verwenden, der das gewünschte Profil ergibt. Oder die Kanten werden an der Tischkreissäge ausgefälzt, um eine Feder zu erhalten, die in die Nut passt. Meist wird die Feder so stark geschnitten, wie die Nut breit ist, aber etwas länger als die Nuttiefe. Der Falz liegt meist auf der Unterseite der Schublade, damit das Schubladeninnere einen sauberen, fugenlosen Anblick bietet.

Möbeltischler statten ihre Schubladen fast immer mit auswechselbaren Böden aus, was auf jeden Fall ein gute Idee ist, falls der Boden einmal repariert oder ersetzt werden muss. Zu diesem Zweck wird das Hinterstück der Schublade niedriger geschnitten als die Seitenstücke, sodass man den Boden unter dem Hinterstück hindurch in die Nuten in den Seitenstücken und im Vorderstück einschieben kann.

Fasen am Boden. Man schneidet Fasen an einen Schubladenboden, indem man das Blatt der Tischkreissäge auf etwa 15° neigt und das Werkstück an einem hohen Anschlag entlangführt. Falls der Boden unter den Hinterstück hindurch eingeschoben werden soll, werden nur die beiden Seiten- und die Vorderkante angefast.

Vor dem Nageln auf Rechtwinkligkeit prüfen. Wenn der Boden eingeschoben worden ist, kontrolliert man durch Messen der beiden Diagonalen auf Rechtwinkligkeit. Danach wird er mit Nägeln oder Drahtstiften am Hinterstück befestigt.

Ausgefälzt, eingeschoben. Ein Falz, den man an die Kanten des Schubladenbodens anschneidet, ergibt eine Feder, die man die Nuten der Seitenstücke einschieben kann.

Sperrholz kann man einleimen. Eine besonders belastbare Schublade erhält man, wenn man das Hinterstück so hoch zuschneidet wie die anderen Wandstücke, eine Nut hineinschneidet, und den Schubladenboden dann die Nuten an allen vier Teilen einleimt, Indem man die Schublade in einem Zug zusammenbaut.

Die Nägel oder Schrauben, mit denen der Boden am Hinterstück befestigt wird, lassen sich im Bedarfsfall leicht entfernen.

Ein weiterer Vorteil eines Bodens, der so eingeschoben wird, liegt darin, dass er eine zusätzliche Gelegenheit bietet, die Schublade rechtwinklig zu machen, was für ihr richtiges Funktionieren wichtig ist. Achten Sie darauf, den Boden genau rechtwinklig zuzuschneiden, und kontrollieren Sie die Schublade auf Rechtwinkligkeit, nachdem Sie den Boden eingeschoben haben und bevor Sie ihn an der Unterkante des Hinterstücks befestigen.

Die Verwendung von Sperrholz für Schubladenböden bietet gegenüber Vollholz einen einzigartigen Vorteil: Man muss sich keine Gedanken über das Arbeiten des Holzes machen. Deshalb kann man den Boden nach Wunsch auch in seinen Nuten einleimen, was deutlich zur Belastbarkeit der Eckverbindungen an der Schublade beiträgt. Allerdings macht dieses Verfahren Reparaturen schwierig oder gar unmöglich, man sollte es also nur für große Schubladen in reinen Zweckmöbeln und für riesengroße Schubladenkästen anwenden, die wirklich auf die zusätzliche Belastungsfähigkeit angewiesen sind. Wenn Sie den Boden einleimen wollen, ist zu erwägen, ihn von allen Seiten „einzufangen". Dann wird das Hinterstück der Schublade genauso hoch gestaltet wie die Seitenstücke, und wie diese und das Vorderstück ebenfalls genutet. In diesem Fall wird die Schublade in einem Zug vollständig aus allen Teilen zusammengebaut.

Kapitel 3

Das Einpassen und die Oberflächenbehandlung der Schubladen

Das Einpassen der Schublade in das Möbelstück ist eine der wichtigsten Voraussetzungen für eine gut laufende Schublade. Manchmal ist nicht mehr erforderlich als das Abnehmen eines hauchdünnen Spans an den Seitenstücken, um eine perfekte Passung zu erreichen, und ein kontrollierender Blick, ob über der Schublade genug Raum für das Arbeiten des Holzes vorhanden ist. Es empfiehlt sich, seine Hobel und Ziehklingen rasiermesserscharf zu halten und sie dann für das abschließende Verputzen und Einpassen zu verwenden. Wenn Sie Auszüge aus Metall verwenden, ist der Einbau ein Kinderspiel, weil das nachträgliche Einpassen entfällt. Ein spannender Aspekt des Schubladenbaus ist die Wahl des passenden Griffs. Es gibt buchstäblich Tausende von Möglichkeiten, von selbst angefertigten Griffen bis hin zu kommerziellen Griffen aus verschiedenen Materialien und in einer endlosen Auswahl an Stilrichtungen. Vom Traditionellen bis hin zum Ultramodernen, es findet sich bestimmt ein Griff, der perfekt zu Ihrem Möbelstück passt.

Wir sollten uns auch Gedanken darüber machen, wie unsere Schublade im Möbelkorpus zum Stillstand gebracht wird. Meist ist es am besten, eine dämpfende Wirkung anzustreben, damit die Schublade nicht zuknallt. Hier kommen Stoppklötze und Puffer ins Spiel, aber auch Schlösser und Riegel. Sie sollten sich auch Gedanken darüber machen, ob Sie eine Grenze festlegen wollen, bis zu der die Schublade aus dem Korpus herausgezogen werden kann, um Missgeschicken vorzubeugen, bei denen der Inhalt der Schublade auf dem Fußboden landet. Damit Ihre Schubladen auch nach langer Zeit noch leichtgängig zu bewegen sind, ist das Schmieren der wichtigsten Bestandteile ein Schritt, den man nicht außer Acht lassen sollte.

Vollauszüge aus Metall montieren

Falls Sie Metallauszüge verwenden und die Teile Ihrer Schublade sorgfältig auf Maß geschnitten haben, ist die schwierige Arbeit schon bewältigt. Normale Auszüge für die Montage an den Seitenstücken oder den unteren Kanten sind leicht anzubringen. Sie müssen das Maß, das für die Auszüge erforderlich ist, vom lichten Innenmaß der Öffnung im Korpus abziehen, und die Schublade dann diesem Maß entsprechend bauen. Die meisten Auszüge erfordern insgesamt 25 mm Raum, also 12,5 mm auf jeder Seite, sodass die Schubladen meist 25 mm schmaler sind als die Korpusöffnung. Die Berechnung ist einfach, und die meisten Auszüge kommen auch mit Schubladen zurecht, die bis zu 1,5 mm schmaler oder breiter sind, was nützlich ist, falls eine zusammengebaute Schublade doch einmal breiter oder schmaler ausfällt als geplant. Falls die Schublade dennoch zu breit oder schmal ist, lässt sich das meist leicht korrigieren. Bei zu schmalen Schubladen legt man Zulagen aus Furnierstreifen zwischen die Auszüge und die Seitenteile des Möbels. Falls eine Schublade aus Vollholz zu breit ist, hobelt oder schleift man die Seitenstücke gleichmäßig nach, bis die Schublade in den Korpus passt. Falls eine Sperrholzschublade nur unwesentlich zu breit ist, nimmt man eine oder beide Schienen des Auszugs ab und schneidet eine flache, breite Nut in das Seitenstück, in die man die Schiene dann montiert. Falls die Schublade beträchtlich zu breit ist, nimmt man ein Seitenstück vollkommen ab, schneidet das Vorder- und Hinterstück auf die richtige Länge neu zu, und befestigt das Seitenstück dann an mit neu angeschnittenen Verbindungen. Natürlich hat man auch immer die Möglichkeit, einfach eine neue Schublade zu bauen.

Auszüge für die Seitenmontage

1. Die Schienen werden parallel zu Ober- oder Unterkante am Seitenstück angebracht, die Höhe wird durch die gewünschte Höhe im Möbelkorpus bestimmt. Das vordere Ende der Schienen wird bündig oder etwas hinter dem Vorderstück zurückspringend positioniert. (Lesen Sie die Anleitung des Auszugherstellers für den)
2. Bringen Sie die Auszugsführungen im Korpus auf die gleiche Weise an, wie sie für Unterflurauszüge verwendet wird, und ab Schritt 4 im folgenden Abschnitt dargestellt wird.

Montieren, dann messen. Bringen Sie die Unterflurauszüge im Korpus an, und messen Sie dann den Abstand von zwischen den Außenkanten der beweglichen Teile der Auszüge. Legen Sie die Breite der Schublade so fest, dass sie diesem Maß zuzüglich der doppelten Stärke eines Seitenstücks entspricht.

Auszüge für die Unterflurmontage

Bei Unterflurauszügen wird der Schubladenteil des Auszugs auf der Unterseite des Schubladenbodens an der Innenkante des Schubladenseitenstücks angebracht. Diese Auszüge – vor allem die neueren, selbstschließenden Versionen – sind leicht anzubringen, erfordern bei der Dimensionierung der Schublade ein etwas abweichendes Verfahren.

1. Bringen Sie die Führungen im Korpus an, um ein Maß für die Breite der Schublade ermitteln zu können. 1
2. Bauen Sie die Schublade so, dass sie in den Raum zwischen die Führungen passt, und schrauben Sie dann die beiden Clips an der Unterseite des Bodens an, die in Führungen greifen, wenn die Schublade eingeschoben wird. 2 3
3. Jede Führung hat auch einen kleinen Metallhaken, der die Schublade hinten greift, um zu verhindern, dass die beladene Schublade kippt, wenn sie herausgezogen wird. Bohren Sie kleine Löcher hinten in die Schublade, oder bringen Sie dort eine Holzleiste an, damit der Haken etwas greifen kann. 4 5

Clipse anbringen. An der vorderen Unterkante der Schublade werden Clipse angebracht, die in die Auszüge greifen, wenn die Schublade in die zugehörige Öffnung geschoben wird. Um die Schublade freizugeben, werden die Clipse einfach gedrückt, und man zieht die Schublade heraus.

Leiste als Kippschutz. Um zu verhindern, dass die Schublade nach unten kippt, nagelt man hinten an der Schublade eine Leiste an, in die bei der Montage der Schublade ein Metallhaken am hinteren Ende des Auszugs greift.

4. Bringen Sie die Korpushälfte jedes Auszugs an. Falls das Möbel einen überstehenden Blendrahmen hat, legt man zwischen die Korpusseiten und -zwischenwände und die Auszüge Zulagen ein. Bei einem Möbel mit waagerechten Traversen werden die Auszüge mit diesen bündig angebracht. 6

Falls das Möbel keine waagerechten Traversen hat, beginnt man mit dem obersten Auszugspaar und schneidet einen Abstandshalter aus Sperrholz, der sie auf die gewünschte Höhe bringt. Wenn man dieses erste Paar angebracht hat, wird der Abstandshalter für das zweite Paar kürzer geschnitten. So fährt man fort, bis die untersten Auszüge angebracht sind. 7 Dieses Verfahren stellt sicher, dass die Auszüge auf beiden Seiten im gleichen Abstand angebracht sind und dass sie senkrecht zur Vorderkante des Möbels verlaufen. So sitzen dann auch die Schubladen garantiert richtig.

Ein Loch geht auch. Eine andere Methode, die Schublade zu sichern, besteht darin, dicht über dem Boden ein kleines Loch in das Hinterstück zu bohren, in das der Haken am Auszug greifen kann. Verwenden Sie einen Forstnerbohrer, damit Sie nicht durch das Material hindurch bohren.

Mit Zulagen ausrichten. Bei einem Korpus mit vorderem Blendrahmen und Traversen werden Abstandshalter aus Sperrholz mit Nägeln und Leim an den Korpusseiten und an gegebenenfalls vorhandenen Zwischenwänden angebracht, damit die Unterflurauszüge auf der richtigen Höhe in den Schubladenöffnungen liegen. Dann werden die Auszüge bündig mit den Traversen montiert.

Mit einem Abstandshalter auf die richtige Höhe bringen. Bei Möbeln mit einem nicht unterteilten Innenraum bringt man das oberste Auszugspaar zuerst an und verwendet dafür einen Abstandshalter aus Sperrholz, um sicherzustellen, dass die Auszüge gleich hoch und im rechten Winkel zur Korpusvorderseite verlaufen. Die übrigen Auszüge werden angebracht, indem man den Abstandshalter sukzessiv kürzer schneidet.

Aufdopplungen anbringen

Von hinten versenken. Bohren Sie von innen versenkte Schraubenlöcher durch das Vorderstück der Schublade.

Festspannen und anschrauben. Spannen Sie die Aufdopplung am Vorderstück fest, und schrauben Sie es von innen am Vorderstück der Schublade an.

Das Aufdoppeln eines Schubladenvorderstücks ist eine gute Methode, einen sonst eher langweiligen Kasten optisch aufzuwerten. Außerdem ist es eine gute Wahl, wenn man Auszüge an den Seitenstücken der Schublade anbringt, weil sich die Beschläge hinter der Aufdopplung verbergen lassen. Zudem lassen sich so auf einfache Weise stumpf aufschlagende Schubladen bauen, weil die vorderen Eckverbindungen leichter anzuschneiden sind. Man baut einfach einen Schubladenkasten mit der gewünschten Verbindung an den vorderen Ecken und bringt dann ein überstehendes Doppel am Vorderstück an. Vielleicht möchten Sie auch schnell eine ganz einfache Schublade bauen (etwa aus Sperrholz mit gefälzten und gehefteten Verbindungen) und die Verbindungen mit einer Aufdopplung aus ansprechenden Schauholz verbergen. So oder so müssen Sie bei der Festlegung der Schubladenlänge die zusätzliche Stärke der Aufdopplung mit einplanen.

Die Aufdopplungen werden am besten angebracht, nachdem man die Schubladen im Möbelstück montiert hat. Man schiebt die Schublade ein, schneidet die Aufdopplung auf Maß, und befestigt sie mit Schrauben, die man von innen durch das Vorderstück eindreht. So sind auf der Vorderseite der Schublade keine Beschläge zu sehen. Achten Sie vor allem bei sehr hohen Schubladen darauf, die Höhe des Doppels so zu wählen, dass es nach oben quellen kann (siehe „Eine Schublade ohne Führung in den Korpus einpassen“, Seite 54).

Aufdopplungen an Innenschubladen anbringen

Am einfachsten lässt sich eine Aufdopplung an einer Innenschublade oder einer ähnlichen Schublade anbringen, die nicht dicht an eine andere Schublade angrenzt.

1. Bohren Sie auf der Innenseite des Vorderstücks versenkte Schraubenlöcher. 1
2. Spannen Sie das Doppel mit Zwingen am Vorderstück an, und drehen Sie von der Innenseite der Schublade die Schrauben bis in die Rückseite des Doppels. 2

Übereinanderliegende Aufdopplungen anbringen

Aufdopplungen werden in der Regel an der Sichtseite eines Möbelstücks verwendet. Eine der etwas schwierigeren Situationen entsteht, wenn die Aufdopplungen an zurückspringenden oder durch Traversen getrennte Schubladen angebracht werden sollen, die übereinander liegen. Allerdings lässt sich die Arbeit sehr vereinfachen, wenn man in einer bestimmten, logischen Reihenfolge vorgeht.

In zwei Durchgängen schrauben. Ziehen Sie die Schublade heraus, und drehen Sie zwei Schrauben durch die versenkten Bohrlöcher im Vorderstück bis in die Aufdopplung. Schließen Sie die Schublade, kontrollieren Sie die Fugen, und drehen Sie dann die anderen Schubladen ein.

1. Beginnen Sie mit der untersten Schublade, und richten Sie die Aufdopplung am Vorderstück aus, indem Sie einige Zulagen unter die Aufdopplung legen, um die gewünschte Fugenbreite zu erhalten. Spannen Sie die Aufdopplung dann an der Schublade fest. 3
2. Ziehen Sie die Schublade heraus, und schrauben Sie das Doppel von innen an (zuerst nur provisorisch mit zwei Schrauben an gegenüberliegenden Ecken). 4
3. Schieben Sie die Schublade ein, und kontrollieren Sie die Fuge. Falls sie über die Breite der Schublade gleichmäßig ist, bohren Sie Löcher für die verbliebenen Schrauben, und drehen Sie sie ein. Falls die Fuge nicht gleichmäßig ist, wird das erste Schraubenpaar entfernt, die Passung korrigiert, und das Doppel dann an den beiden anderen Ecken erneut angeschraubt. Danach werden dann die beiden ersten Schrauben wieder eingedreht.
4. Wenn die unterste Schublade so aufgedoppelt ist, werden die Zulagen verwendet, und das direkt darüber liegende Doppel zu positionieren. Auch hier wird das Doppel am Vorderstück mit Zwingen festgespannt und von innen mit Schrauben gesichert. 5

Zulagen unterlegen, dann festspannen. Schieben Sie Zulagen unter die Aufdopplung um die gewünschte Fugenbreite an der Unterkante zu erreichen, und spannen Sie dann die Aufdopplung an der Schublade fest.

Platz für Zwingen. Solange über der Schublade jeweils genügend Raum für die Zwingen ist, können Sie jede folgende Aufdopplung festspannen und sich so nach oben arbeiten.

Klebeband statt Zwingen. Wenn man eine Aufdopplung nicht mit Zwingen festspannen kann, werden stattdessen Stücke von doppelseitigem Klebeband verwendet, um sie am Vorderstück zu halten.

Sieht von außen gut aus. Die fertige Aufdopplung sieht von außen sauber aus und verbirgt die Schrauben und die Auszüge im Inneren.

Provisorische Griffe

Beim Einpassen einer Schublade muss man diese meist mehrmals herausziehen und wieder einschieben. Es könnte zwar praktisch sein, gleich den endgültigen Griff anzubringen, aber dieser könnte bei den anstehenden Arbeiten im Weg sein. Eine Schraube eignet sich hervorragend als provisorischer Schubladengriff. Man dreht sie an der Stelle in das Vorderstück der Schublade, an der später der richtige Griff sitzen wird. Die Schraube lässt sich leicht einige Maler heraus- und wieder hineindrehen, und das Schraubenloch wird später vom eigentlichen Griff verdeckt. So kann man auf einfache Weise die Schublade beim Einpassen aus dem Korpus ziehen.

Provisorischer Griff. Eine Schraube, die man an der Stelle in das Vorderstück dreht, wo später der Griff sitzen wird, bietet eine gute Möglichkeit, die Schublade während des Einpassens aus dem Korpus zu ziehen.

5. Etwas schwieriger ist die Arbeit bei der obersten Schublade, falls man die Aufdopplung nicht mit Zwingen halten kann, weil eine Traverse oder ein Möbeldeckel im Weg sind. In diesem Fall greift man am besten auf doppelseitiges Klebeband zurück, das man am Vorderstück anbringt. Dann werden wieder die Zulagen verwendet, um die untere Fuge zu bestimmen, bevor man das Doppel auf den Klebestreifen drückt. 6

6. Ziehen Sie die Schublade mit dem aufgeklebten Doppel vorsichtig aus dem Korpus, setzen Sie zur Sicherheit noch Zwingen an, und befestigen Sie wie zuvor das Doppel von hinten mit Schrauben am Vorderstück. Auch in diesem Fall sollten Sie die Methode mit zwei Schraubenpaaren verwenden, falls sich das Doppel während des Befestigens leicht verschieben sollte. Das Ergebnis ist eine sauber aussehende Schublade, bei der alle Beschläge versteckt im Inneren des Möbels liegen. 7

Führungsleisten aus Holz dimensionieren

Um den Innenraum eines Möbelstücks möglichst gut auszunutzen, baut man die Schubladen so groß wie möglich, indem man Führungsleisten aus Holz an den Korpuswänden anbringt. Die Leisten passen in abgesetzte Nuten, die in die Schubladenseitenstücke geschnitten sind. So kann man die Schubladen direkt übereinander anbringen, ohne Platz an Zwischenböden zu verlieren. Die Bewegung der Schublade wird angehalten, wenn die Enden der Führungsnuten an das abgesetzte Ende der Nut stoßen. Eine Schublade mit hölzernen Führungsleisten ist leicht einzupassen, weil man die Leisten auf das genau in die Nuten passende Maß schleifen oder hobeln kann, bevor man sie anbringt, um sicherzustellen, dass sich die Schublade leichtgängig bewegt.

Nuten absetzen. Fräsen Sie am Handoberfräsentisch eine abgesetzte Nut in jedes Schubladenseitenstück. Senken Sie das Werkstück auf den laufenden Nutfräser, und verwenden Sie einen Stoppklotz, den Sie am Handoberfräsentisch befestigt haben, um den gewünschten Punkt für die Einsatzfräsung zu bestimmen.

Leicht einzupassen. Hobeln Sie die Ober- und Unterkante jeder Führungsleiste, bis sie sich leichtgängig, aber ohne Spiel in der Nut bewegt. Schleifen oder schneiden Sie mit der Bandsäge an einem Ende einen Halbkreis an, der dem runden Ende der Nut entspricht.

Im Allgemeinen ist es am besten, wenn die Schublade etwa 3 mm schmaler ist als die Öffnung im Korpus. Falls Türscharniere oder andere Beschläge im Weg sind, wird die Schublade schmaler gemacht, um nicht an die störenden Elemente anzuschlagen, und die Führungsleisten werden entsprechend stärker zugeschnitten.

1. Fräsen Sie eine 5 mm tiefe abgesetzte Nut in jedes Schubladenseitenstück. 1
2. Die Leisten werden mit Überlänge und mit leichtem Übermaß in Breite und Höhe zugeschnitten. Dann werden sie mit dem Hobel oder vorsichtig mit einer Schleifmaschine in die Nuten eingepasst, sodass sie sich leichtgängig bewegen lassen. 2
3. Wenn diese Passung erreicht ist, wird das Vorderende jeder Führungsleiste so abgerundet, dass es in das Ende der abgesetzten Nut in der Schublade passt. Dann wird die Länge der Führungsleisten berechnet, mit der die Schublade in der gewünschten Posi-

Grade laufen lassen. Stellen Sie einen Abstandshalter unter die Führungsleiste, um sie parallel zum Korpus und zu ihrem Gegenstück auszurichten. Befestigen Sie es mit Schrauben durch versenkte Bohrlöcher, sodass die Schraubenköpfe etwas unter der Holzoberfläche liegen.

tion zum Ruhen kommt, und die Leisten werden auf dieses Endmaß zugeschnitten.

4. Die Führungsleisten werden mit Schrauben im Korpus angebracht. 3
5. Die Schublade wird in diesem Zustand noch nicht zwischen die Führungsleisten passen, weil diese noch zu stark sind. Markieren Sie, wieviel Holz von der Längsfläche der Leisten abgenommen werden muss, bauen Sie die Leisten aus dem Korpus aus, und bringen Sie die Leisten auf das ermittelte Maß. Bauen Sie sie wieder ein, um die Passung zu prüfen. Das Einpassen ist beendet, wenn die Schublade knapp die Flächen beider Führungsleisten berührt und sich leicht hin und her schieben lässt. Dann werden die Leisten endgültig mit Leim und Schrauben in den Korpus gebaut.

Eine Schublade ohne Führung in den Korpus einpassen

Amerikanische Holzwerker bezeichnen die Passung einer Schublade, die ganz genau in ihre Korpusöffnung passt, als „piston fit" (Kolbenpassung). So sollte auch eine Schublade ohne Führung wie ein Kolben im Zylinder eines Motors sitzen. Sie sollte sich sicher und leichtgängig bewegen lassen – als ob sie auf Schienen liefe. Eine so eingepasste Schublade wird gegen Ende des Einschiebens etwas langsamer, weil sie auf den Widerstand eines eingefangenen Luftkissens stößt. Es ist ein bemerkenswertes Gefühl, und es lohnt sich, das Verfahren zu erlernen, mit dem solche Schubladen hergestellt werden.

Die Passung hängt von dem richtig gewählten Abstand zwischen den Schubladenseitenstücken und den Seiten- oder Zwischenwänden des Möbels ab. In diesem Fall ist weniger mehr. Wie bei einem Kolben in seinem Zylinder hängt die leichtgängige Bewegung von einer kleinen, aber präzisen Fuge ab, die das Verkanten der Schublade in seiner Öffnung verhindert. Man muss aber mehr als nur die Breite der Schublade berücksichtigen. Auch die Höhe ist wichtig, bei der das Arbeiten des Holzes berücksichtigt werden muss. Wenn die Wandungen der Schublade zu hoch sind, verklemmt sich die Schublade, sobald das Holz bei hoher Luftfeuchtigkeit quillt. Andererseits schwindet das Holz bei trocknem Wetter, und eine zu flache Wandung kann die Schublade beim Herausziehen kippen und sich vielleicht sogar verklemmen lassen. Die richtige Fugenbreite zwischen der Oberkante der Schublade und den Korpusbauteilen ist für ihre leichtgängige Funktion entscheidend.

Flache Schubladen können mit einer schmaleren Fuge zwischen ihrer Oberkante und der Öffnung im Korpus konstruiert werden. Größere Schubladen erfordern einen größeren Abstand, weil breite Holzteile stärker quellen. Im Allgemeinen sollte man bei Schub-

Einpassen, bevor man baut. Schneiden Sie das Schubladenvorderstück genau auf die Korpusöffnung zu (auch wenn diese nicht genau rechtwinklig oder sonst unregelmäßig ist), bevor Sie die Verbindungen an die Schubladenstücke anarbeiten.

„Schubladen schaukeln“. Kontrollieren Sie ob die Schublade windschief ist, indem Sie sie mit der Unterseite auf eine ebene Fläche stellen und prüfen, ob sie über eine der Ecken schaukelt. Die Ecken, die sich nicht nach unten drücken lassen, sind die hohen Stellen.

laden bis zu 100 mm Höhe ein Quellen um bis zu 1,5 mm einplanen, bei Schubladen bis zu 250 mm Höhe dann bis zu 3 mm. Das ist natürlich nur eine grobe Vorgabe; wie groß die Fuge sein muss, hängt von Faktoren wie der jahreszeitlichen Luftfeuchtigkeit beim Bau der Schublade, von der Holzart und vom Einschnitt des Holzes (zum Beispiel riftgeschnitten oder rundgeschnitten) ab.

1. Das Einpassen einer Schublade beginnt schon bei der Wahl der richtigen Abmessungen. Das Vorderstück wird so zugeschnitten, dass es genau so groß ist wie die Öffnung im Korpus – auch wenn diese Öffnung nicht genau rechtwinklig oder sonst unregelmäßig ist. Das Vorderstück sollte fast, aber nicht ganz in den Korpus passen. 1

Dann werden die anderen Teile der Schublade passend zum Vorderstück zugeschnitten, und man baut die Schublade zusammen. Wenn alles gut läuft, passt die Schublade genau zu der Korpusöffnung und muss geringfügig verputzt werden, damit sie in die Öffnung hineinpasst.

2. Nach dem Zusammenbau der Schublade kontrolliert man sie auf Windschiefe, indem man sie mit den Boden nach unten auf eine ebene Fläche stellt, etwa den Arbeitstisch der Tischkreissäge oder die Hobelbank. 2
3. Bringen Sie die Unterkanten der Schublade genau in eine Ebene, indem Sie die Schublade umgekehrt auf der Hobelbank anspannen und die höher stehenden Stellen mit dem Hobel abnehmen. 3

Die hochstehenden Stellen abnehmen. Drehen Sie die Schublade kopfüber, und hobeln Sie hochstehende Stellen ab, um die Unterseite der Schublade eben zu machen.

4. Hobeln Sie auch die Oberkante der Schublade eben. Lassen Sie hinreichend Raum für das Arbeiten des Holzes. Passen Sie die Schublade ein, indem Sie alle vier Oberkanten hobeln. Die Kanten sollten glatt sein und fluchten. Führen Sie den Hobel deshalb in einem Zug um die Ecken, und nehmen Sie von jeder Kante gleich viel Holz ab. 4
5. Fasen Sie die unteren Ecken an der Rückseite der Schublade an, damit sie leichter in den Korpus zu stecken ist, schneiden Sie auch eine Fase an den Verbindungen zwischen Hinterstück und Seitenstücken an. 5 6
6. Wenn die Schublade genau auf das Maß der zugehörigen Korpusöffnung verputzt worden ist, sollte sie noch nicht ganz in diese einzuschieben sein. Spannen Sie das Werkstück an der Hobelbank an, und verputzen Sie die Außenseiten der Schublade. Hobeln Sie dabei von vorne nach hinten, damit die vorderen Eckverbindungen nicht ausreißen. Die Fase, die Sie hinten angeschnitten haben, verhindert Faserausrisse an dieser Stelle. 7 Man muss bei dieser Arbeit immer wieder seinen Fortschritt kontrollieren, indem man die Schublade in die Korpusöffnung hält, bevor man wieder einige Hobelstöße ausführt.

Kanten brechen. Hobeln Sie hinten an den Seitenstücken eine Fase an die untere Ecke, damit sich die Schublade leichter in das Möbelstück einführen lässt, und brechen Sie die Kanten an den hinteren Ecken, um Faserausrisse beim Aushobeln der Seitenstücke zu vermeiden.

Um die Ecken hobeln. Hobeln Sie die Oberkante der Schublade so, wie Sie auch die Unterkante gehobelt haben. Versuchen Sie, die angemessene Lücke zwischen Schublade und Korpus zu erreichen. Führen Sie den Hobel im Bogen um die Ecken, damit die Holzfasern dort nicht ausreißen.

Auf Passung hobeln. Führen Sie den Hobel mit mehreren leichten Stößen über das Seitenstück, um die Fläche eben abzutragen. Prüfen Sie die Passung während des Hobelns wiederholt.

Zu große Fuge?

Uuppss! Zu viel Holz abgehobelt, und jetzt ist die Fuge zwischen der Oberkante des Schubladenvorderstücks und dem Korpus zu groß? Ganz ruhig bleiben. Das ist ein Fehler, der immer wieder vorkommt, und der leicht zu korrigieren ist. Hobeln Sie zuerst die Unterkanten der Schublade auf eine Höhe (Vorderstück und die beiden Seitenstücke, oder alle vier Kanten, wenn das Hinterstück genauso hoch ist). Die Schmalflächen sollten gerade und eben sein, die Kanten klar und scharf. Mit anderen Worten, richten Sie die Unterkanten ab.

Zuerst noch kleiner machen. Um die Leimfugen zu verbergen, werden die unteren Schmalflächen abgerichtet, bis sich die Kanten scharf anfühlen. Nehmen Sie von allen drei Seiten gleichmäßig Material ab, sodass sie eine ebene und gleichmäßig hohe untere Fläche erhalten.

Eine neue Unterseite anbringen. Leimen Sie die Streifen an der Unterseite der Schublade an. Verwenden Sie eine hohe Holzzulage für den vorderen Streifen und eine dicke Platte für die seitlichen Streifen.

Schneiden Sie dann Holzstreifen etwas stärker als die gewünschte Lücke zu. Das Material sollte (vor allem am Vorderstück) in Farbe und Maserung möglichst gut zur Schublade passen. Leimen Sie die Streifen an den abgerichteten Kanten an. Arbeiten Sie auf der Hobelbank oder einer anderen belastbaren, ebenen Fläche, und verteilen Sie den Druck der Zwingen mit Zulagen. Lassen Sie den Leim trocknen, und hobeln Sie die Leisten dann auf Maß. Diesmal aber etwas vorsichtiger als zuvor.

7. Wenn sich die Schublade bis zur vollen Länge in den Korpus schieben lässt, werden die Außenseiten mit der Ziehklinge oder Schleifpapier so glatt und eben wie möglich gearbeitet. Die Passung der Schublade ist richtig, wenn sie sich leichtgängig einschieben und herausziehen lässt, aber nicht mehr als 0,5 mm seitliches Spiel hat. Weniger ist noch besser. 8
8. Schneiden Sie die Unterkante des Vorderstücks auf Maß und fasen Sie sie an. Das verhindert das Hängenbleiben des Vorderstücks, wenn man die Schublade einschiebt, und es bietet auch die Möglichkeit, eine gleichmäßige Fuge an der Unterkante zu erzielen. Nehmen Sie einige Späne von der Unterkante ab, und geben Sie der Kante dabei nach Augenmaß eine leichte, nach hinten weisende Fase. Nehme Sie so viel Holz ab, dass sich an der Vorderseite eine schmale, gleichmäßige Fuge bildet. Die eingepasste Schublade sollte an den Seiten gleichmäßige Haarfugen zeigen, eine schmale Fuge an der Unterkante, und eine angemessene Lücke an der Oberseite, einschließlich der Oberkanten der Seiten- und Hinterstücke, wenn sie tief im Korpus stecken. 9

Die Schubladen kennzeichnen

Es ist immer eine gute Idee, die Bestandteile eines Werkstücks zu markieren. Auch fertige Teile sollte man kennzeichnen. Dabei sollte man auch Schubladen nicht übersehen, die man genau in eine bestimmte Korpusöffnung eingepasst hat. Sie lassen sich zwar vermutlich auch in eine andere Öffnung einstecken, würden aber dort nicht so wie beabsichtigt passen. Wenn Sie also eine Schublade eingepasst haben, sollten Sie sie dauerhaft kennzeichnen; vielleicht auch die zugehörige Öffnung im Korpus. Das hilft nicht nur Ihnen bei der weiteren Bearbeitung der Schublade, auch die zukünftigen Besitzer des Möbelstücks werden es Ihnen danken, wenn Sie ihnen helfen, Ordnung in ihre Schubladen zu bringen.

Wo gehört sie hin? Das Hinterstück einer Schublade ist eine unauffällige Stelle, um zu markieren, wo sie im Möbelstück hingehört. Man kann die Kennzeichnung mit einem Anreißmesser oder einem Permanentmarker anbringen.

Weniger ist besser. Zwischen den Seitenstücken und dem Korpus sollten eine Haarfuge von nur 0,5 mm oder weniger liegen, damit die Schublade leicht läuft. Falls die Fuge breiter ist, kann sich die Schublade verkanten und klemmen, wenn man sie einschiebt oder herauszieht.

Die richtige Passung. Mit kaum sichtbaren Fugen an den Seiten, einer schmalen Fuge an der Unterkante und einer für das Arbeiten des Holzes ausreichenden Lücke oben steht diese Schublade bereit, jahrelang treue Dienst zu leisten.

Einschlagende Schubladenvorderstücke einpassen

Die Vorderstücke von einschlagenden Schubladen müssen meist mit der Vorderseite des Möbels bündig gearbeitet werden, nachdem sie in ihre Öffnungen eingepasst worden sind. Auch wenn Sie Ihre Schubladen auf die richtige Länge gearbeitet haben, sorgt Murphys Gesetz doch dafür, dass die Vorderstücke dennoch nicht genau mit der Vorderseite des Möbelstücks fluchten, sodass sie etwas nachgearbeitet werden müssen. Glücklicherweise gibt es mehrere Methoden, die Vorderstücke auf die gewünschte Stärke zu bringen.

Einen Schublade nach der anderen hobeln

Am einfachsten ist es, jedes Vorderstück einzeln zu schleifen oder zu hobeln. Um wieviel es vor der Korpusvorderseite vorsteht, ermittelt man mit einem der empfindlichsten und genauesten Messinstrumente in der Werkstatt: den eigenen Fingerspitzen.

1. Ermitteln Sie die Stellen, an denen das Holz zu stark ist, und um wieviel. Spannen Sie dann die Schublade an der Hobelbank an, und hobeln Sie das Vorderstück. 1 Alternativ können Sie die Schublade auch an ein kräftiges Brett hängen, dass über Ihre Hobelbank hinausragt. 2 Führen Sie einige Hobelstöße aus, und kontrollieren Sie das Ergebnis. Hobeln und prüfen Sie auf diese Art weiter, bis die Sichtseite des Vorderstücks mit der Vorderseite des Möbels fluchtet.
2. Schleifen Sie die Sichtseite leicht nach, um sie zu glätten und eben zu machen.

Clever arbeiten

Schubladenvorderseiten lassen sich zwar auch mit einer elektrischen Schleifmaschine nivellieren, aber das birgt immer die Gefahr, die Kanten abzurunden oder Dellen in die Fläche zu schleifen. Außerdem ist es schwierig festzustellen, wieviel Material man bereits abgenommen hat. Mit einen Handhobel schneidet man keine Dellen, und die Menge der angefallenen Späne ist ein guter Hinweis darauf, wieviel Material man abgenommen hat. Falls Sie einen Bandschleifer einsetzen, versuchen Sie, ihn mit einem Schleifrahmen auszustatten. Solche Schleifrahmen gibt es für viele gängige Bandschleifmaschinen, sie vergrößern deren Auflagefläche und verhindern so das Abkippen und Fehlschleifstellen.

Präzise nivellieren. Ermitteln Sie zuerst, wo das Schubladenvorderstück über die Korpusvorderseite hinausragt, stellen Sie dann den Hobel auf geringe Spandicke ein, und hobeln Sie nur die zu hohen Stellen.

Aufhängen. Eine guten Methode, um eine Schublade zu stützen, während man sie bearbeitet, besteht darin, sie über ein breites, starkes Brett zu hängen, dass man an der Hobelbank angespannt hat. So kann man ungehindert mit dem Hobel, der Schleifmaschine oder Ziehklinge arbeiten.

Vorderstück von mehreren eingebauten Schubladen zusammen schleifen

Wenn Hobeln mit dem Handwerkzeug Sie nervt (glauben Sie mir, ich habe auch solche Tage), können Sie die Schubladenvorderstücke auch mit der elektrischen Schleifmaschine nivellieren. Schieben Sie dafür jedoch alle Schubladen (auch wenn es nur eine einzige ist) in den Korpus ein, damit sie die Vorderseite des Möbels und die Vorderstücke der Schubladen gemeinsam schleifen können und nicht befürchten müssen, einzelne Komponenten zu stark zu schleifen.

1. Schieben Sie die Schubladen in das stehende Möbelstück ein, bis sie so sitzen, wie zuvor eingepasst. Keilen Sie die Schubladen sorgfältig mit Furnierstreifen fest, ohne sie dabei zu bewegen. 1
2. Legen Sie das Möbel auf die Rückseite, und schleifen Sie die ganze Vorderseite, so wie Sie es auch bei einer Tischplatte oder anderen großen Fläche täten. Die Arbeit lässt sich mit einer Bandschleifmaschine beschleunigen, aber diese muss gut geführt werden, damit keine Dellen oder Riefen entstehen. Manche modernen Exzenterschleifer nehmen sehr aggressiv Material ab und beschleunigen die Arbeit ebenfalls. 2

Zukeilen. Stecken Sie einige Furnierstreifen in die Fugen ober- und unterhalb der Schubladen, um sie in den zugehörigen Öffnungen zu verkeilen, und brechen Sie den Überstand des Furniers ab.

Die gesamte Vorderseite zugleich schleifen. Ein Exzenterschleifer mit seinem starken Materialabtrag bringt die Schubladenvorderstücke schnell auf das gleiche Niveau wie die Vorderseite des Möbelstücks.

Keile entfernen. Die Furnierstreifen kann man mit einem dünnen Stahlstreifen durch die Fuge an der Oberkante der Schublade drücken, sodass sie sich aus dem Korpus nehmen lässt.

3. Falls Sie beim Verkeilen gute Arbeit geleistet haben, wird es Ihnen nicht leicht fallen, die Schubladen nach dem Schleifen wieder herauszuziehen. Verwenden Sie ein dünnes Stahlstück oder anderes hartes Material (eine Ziehklinge ist gut geeignet), und drücken Sie die Furnierstreifen durch die Lücken oberhalb der Schubladenvorderstücks, sodass sie in die Schublade fallen und diese freigeben. 3 Entfernen Sie abschließend alle Spuren, die der Exzenterschleifer hinterlassen haben mag, indem Sie mit der Hand in Faserrichtung nachschleifen.

Kanten brechen

Die Kanten Ihrer Arbeit zu brechen, ist eine einfache Aufgabe, die aus einem guten Werkstück ein großartiges machen kann. Leider wird das oft übersehen. Wenn man diesen Arbeitsschritt auslässt, können die Kanten absplittern, und man verletzt sich die Hände, wenn man sie anfasst. Gebrochene Kanten machen Möbelstücke nicht nur dauerhafter und haptisch ansprechender, sie rücken Ihre gut geschnittenen Verbindungen und ebenen Flächen auch ins rechte Licht, indem sie definierte Schattenlinie schaffen anstatt der harten, mechanisch wirkenden und oft spitzen Winkel und Kanten, wie Werkzeuge sie hinterlassen. Man sollte alle scharfen Kanten brechen, ob sie angefasst werden oder einfach nur sichtbar sind.

Man kann stärkere Fasen oder Abrundungen mit der Handoberfräse und entsprechenden Fräsern oder mit kleinen Hobeln anschneiden. Alternativ kann man die Kante auch mit der Hand schleifen, bis sie sanft, aber gleichmäßig gebrochen ist. Feiner wird die Arbeit, wenn man kontrollierter vorgeht und feines Schleifpapier fest um einen Schleifklotz aus hartem Holz wickelt. Einen solchen Klotz kann man zum Beispiel verwenden, um die rasiermesserscharfen Kanten eines Schubladenvorderstücks zu brechen, ohne dass sie ihr klares, sauberes Aussehen verlieren. Mit dem gleichen Klotz kann man auch Innenecken erreichen, die sonst bekanntlich schwierig mit der Hand zu schleifen sind.

Mit Schleifpapier auf Gehrung. Mit der Kante des Schleifklotzes gelangt man auch in Innenecken und erzielt so eine ansehnliche und präzise Gehrung, wo zwei angefaste Kanten aufeinander stoßen.

Sieht scharf aus, ist aber nicht scharf. Die Kanten Ihres Werkstücks sehen sauber und klar aus, sind aber nicht scharf anzufassen, wenn man sie mit feinem Schleifpapier leicht bricht, das man um einen Schleifklotz aus hartem Holz gewickelt hat.

Die Wahl des Schubladengriffs

Schön, stabil und leicht anzubringen. Kommerzielle Schubladengriffe wie diese aus Vollmetallrundstangen sind leicht zu installieren und liegen gut in der Hand.

Ein angenehm anzufassender und ansprechend anzusehender Griff ist das I-Tüpfelchen an einer gut gebauten Schublade und kann zum Glanzpunkt des ganzen Möbelstücks werden. Die Auswahl ist schier endlos, von kommerziellen Bügelgriffen und Griffmuscheln bis hin zu Knöpfen und Knäufen, die man selbst anfertigt. Falls Sie auf kommerzielle Angebote zurückgreifen, achten Sie auf hochwertige Oberflächen und stabile Schrauben, Muttern und Befestigungsbeschläge. Falls Sie sich für Griffe aus Eisen, Messing, Kupfer oder Bronze entscheiden, sollte es sich um massives Metall handeln, da plattierte Beschläge nicht so abriebfest sind. Was immer Sie kaufen, Sie werden richtig Geld ausgeben müssen. Gute Beschläge sind nicht billig.

Leisten werden zu Griffen. Holzleisten auf gleicher Höhe geben diesen benachbarten Schubladen ein modernes Aussehen. Wenn man die Leisten oben und unten leicht hinterschneidet lassen sie sich gut greifen.

Auf der anderen Seite können Sie Geld sparen und ein einzigartig aussehendes Möbelstück schaffen, wenn Sie die Griffe selbst aus einem Holz Ihrer Wahl und nach Ihren eigenen gestalterischen Vorlieben herstellen. Besonders geeignet für diesen Zweck sind dichte Holzarten oder solche mit starker Maserung, ungewöhnlicher Farbe und auffallenden Markierungen. Dies ist eine gute Gelegenheit, auf die besonderen Holzstücke zurückzugreifen, die Sie in einer Ecke Ihres Holzlagers gesammelt haben.

Die einfachste Form eines Schubladengriffs ist eine Holzleiste, die Sie von der Rückseite her an das Vorderstück der Schublade schrauben. Ein ewiger Liebling der Möbeltischler ist ein gedrechselter Griffknopf mit einer Lippe am Kopf oder einem Stiel, der sich verjüngt. Er ist gut anzufassen und lässt sich leicht an der Drechselbank drehen.

Ein geschnitzter Griff ist noch persönlicher, und bei der Formgebung sind einem keine Grenzen gesetzt. Man kann sich für alle selbst gestalteten Griffe durch Möbelstücke in Museen oder Büchern inspirieren lassen, oder einfach etwas vollkommen Neues entwickeln.

Grifftypen

Kommerzielle Griffe

Messingknauf

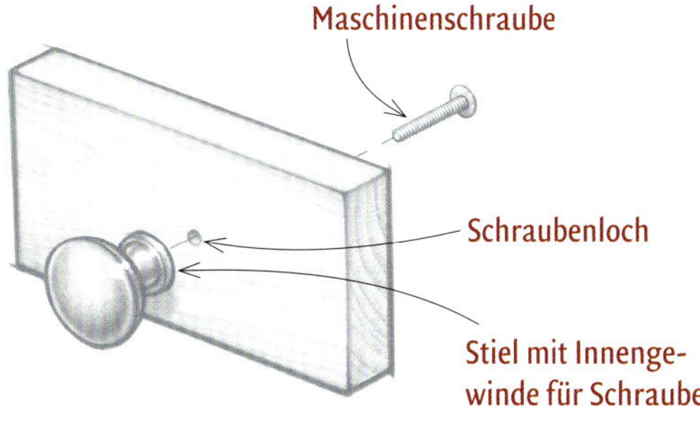

Drahtgriff

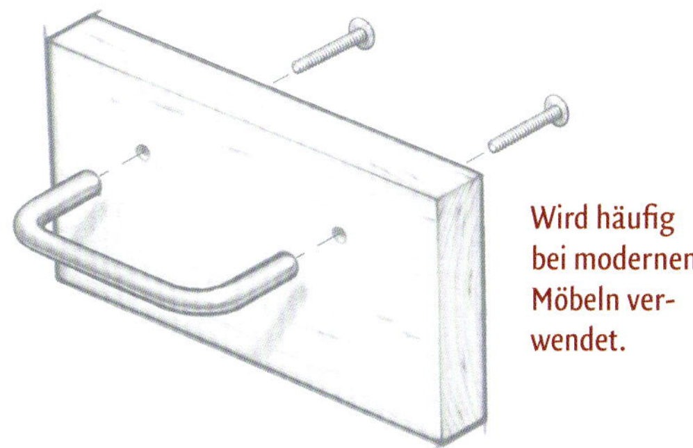

Klappgriff

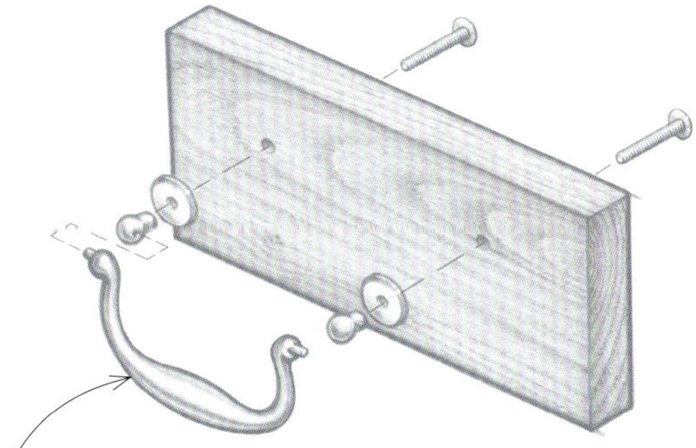

Griffe eigener Herstellung

Holzleiste

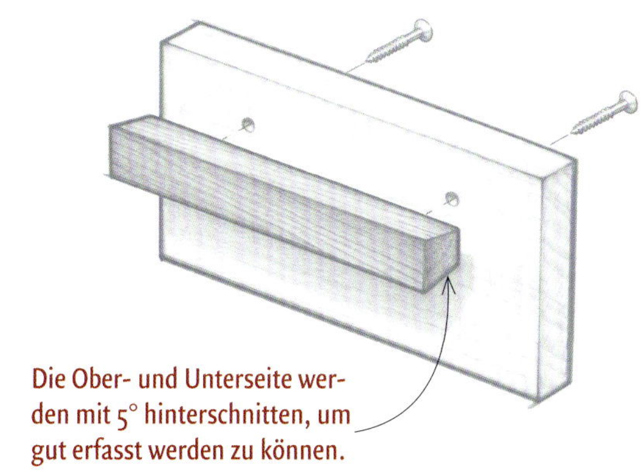

Gedrechselter und verkeilter Schubladengriff

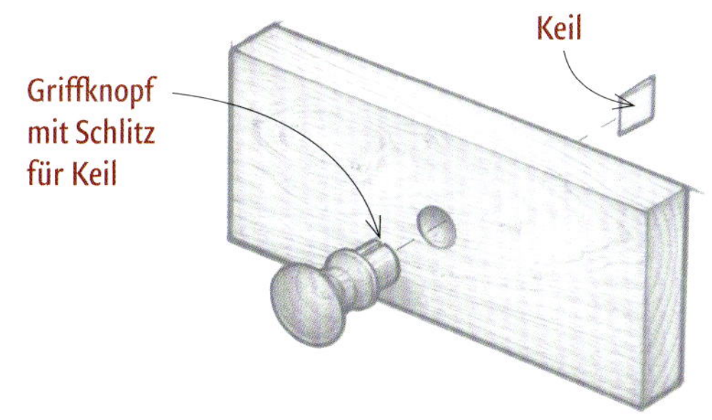

Geschnitzter Griff

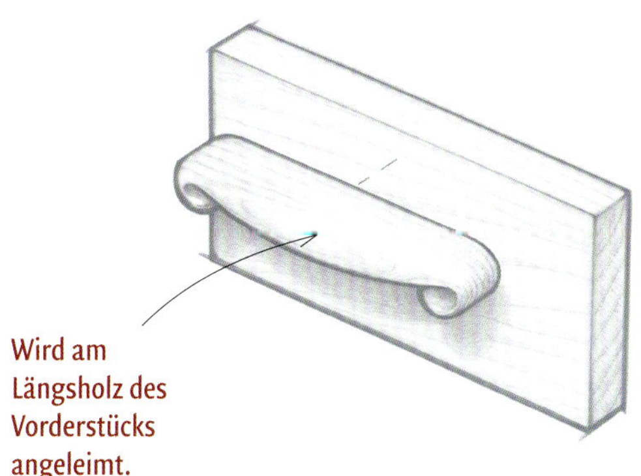

Ein Klassiker. Dieser kleine gedrechselte Ebenholzgriff gereicht jeder Schublade zur Ehre. Wenn man ihn hinter den Kopf verjüngt, können die Finger ihn leichter greifen.

Bezaubernde Schnitzerei. Die Werkzeugspuren von Stecheisen und Hohlbeitel geben diesem handgeschnitzten Griff eine persönliche Note. Wenn Griff und Schubladenvorderstück beide aus Längsholz gearbeitet sind, reichen zur Befestigung etwas Leim und einige Schraubzwingen während der Trockenzeit.

Schubladengriffe aus Metall anbringen

Perfekte Löcher für die Beschläge. Mit einer einfachen Sperrholzlehre werden die Löcher für die Griffe an der richtigen Stelle gebohrt. Richten Sie die Lehre an entsprechenden Markierungen am Korpus aus, und halten Sie sie dann mit der Hand oder Schraubzwingen, während Sie bis in das Schubladenvorderstück bohren.

Schubladengriffe mit Metallpfosten, Metallbügelgriffe und Metallklappbügelgriffe sind so fast so häufig wie Seife in der Dusche. Man muss sich aber nicht mit der Dutzendware zufrieden geben. Wenn man sich etwas umsieht, kann man einzigartig und recht ungewöhnliche Metallgriffe finden. Was sie alle gemeinsam habe, ist die Befestigung an der Schublade. Meist werden Schrauben mit Maschinengewinde durch Bohrlöcher im Schubladenvorderstück in ein Gewinde im Griffpfosten gedreht. Die Montage ist sehr einfach, man muss nur darauf achten, die Löcher präzise zu bohren, damit die Schrauben genau in die Pfosten passen und der Griff genau am Schubladenvorderstück ausgerichtet ist. Glücklicherweise gibt es eine leicht herzustellende Schablone, mit der diese Arbeit auf jeden Fall erfolgreich ausgeführt werden kann.

1. Schneiden Sie ein Stück 20-mm-Sperrholz auf die Breite Ihres Schubladenvorderstücks zu. Reißen Sie die Lage der Griffpfosten auf dem Sperrholz an, und ziehen Sie mit dem Tischlerwinkel eine Linie vom Mittelpunkt der Bohrlöcher bis zur Schmalkante der Schablone. Bohren Sie die Löcher für die Schrauben an der Ständerbohrmaschine, damit sie genau senkrecht verlaufen.
2. Um die Schablone zu verwenden, wird die gewünschte Höhe der Griffe an der Möbelwand oder -zwischenwand gekennzeichnet.

Dann legt man die Schablone so auf das Schubladenvorderstück, dass die Mittellinien mit den Markierungen am Korpus fluchten, und bohrt durch die Schablone in das Vorderstück. 1 Wenn Ihre Schubladen alle gleich breit sind, können Sie die Schablone für alle Bohrlöcher verwenden. Für Schubladen unterschiedlicher Breite müssen Sie jeweils eine eigene Schablone herstellen.

Gedrechselte Zapfen. Drehen Sie zwischen Spitzen mit einem schmalen Eisen eine Reihe von Griffen aus einem längeren Rohling. Die Zapfen sollten etwa 6 mm länger als die Stärke des Schubladenvorderstücks sein, der Durchmesser dem des Bohrers entsprechen, den Sie verwenden werden.

Gedrechselte und verkeilte Schubladengriffe

Schubladengriffe an der Drechselbank zu drehen ist eine häufige Nebentätigkeit des Möbeltischlers, und es gibt viele Holzwerker, die nur für diese Aufgabe eine Drechselbank in der Werkstatt haben, auch wenn sie sich sonst nicht viel mit dem Drechseln beschäftigen. Eine der belastbarsten Methoden, um einen gedrechselten Griff an einem Schubladenvorderstück zu befestigen, besteht darin, an einem Enden einen Zapfen anzudrehen, den man in ein Bohrloch im Vorderstück steckt und von der Rückseite her verkeilt, um ihn im Vorderstück zu sichern.

1. Schneiden Sie einen Rohling auf Überlänge zu, und drehen Sie zwischen Spitzen die grobe Form für mehrere Griffe vor. Die Zapfen sollten in diesem Stadium schon so genau wie möglich den Durchmesser des Bohrers erhalten, mit dem Sie die Aufnahmelöcher bohren werden. 1 Für mittelgroße Griffe drehe ich sie normalerweise auf 12 mm Durchmesser, für kleinere auf 10 mm.
2. Stechen Sie die Griffe ab, spannen Sie sie jeweils in ein Loch in einer Planscheibe aus Holz im Spindelstock ein, und geben Sie dem Griffknauf seine endgültige Form. 2

Die Vorderseite gestalten. Setzen Sie den Griff mit den Zapfen in eine Planscheibe aus Holz ein, und formen Sie die Vorderseite mit derselben Röhre.

Ein Loch verhindert das Einreißen. Legen Sie den Griff in ein Kantholz mit V-Nut, und bohren Sie an der Ständerbohrmaschine ein Loch mit 3 mm Durchmesser in der Nähe des Kopfs ein Loch durch den Mittelpunkt des Zapfens.

3. Bohren Sie ein 3-mm-Loch am oberen Ende des Zapfens, damit dieser nicht reißt, wenn Sie den Keil eintreiben. Legen Sie den Griff für die Bohrarbeit in eine Zulage mit V-Nut, um ihn zu halten. 3
4. Belassen Sie den Griff in der V-Nut, und stecken Sie einen Bambusspieß mit 3 mm Durchmesser (im Lebensmittelhandel zu erhalten) durch das Loch, um es parallel zum Sägeblatt Ihrer Bandsäge ausrichten zu können. Halten Sie den Griff fest in der Zulage, und schieben Sie ihn in das Blatt der Bandsäge, um einen Schlitz für den Keil zu schneiden. Beenden Sie den Schnitt, wenn Sie das Bohrloch erreichen. 4 5
5. Sägen Sie einen schmalen Keil aus festem Holz (Eiche oder ähnliches) zu, der in den Schlitz passt.
6. Bohren Sie an der Standerbohrmaschine das Loch für den Zapfen in das Schubladenvorderstück. Legen Sie ein Stück Restholz unter die Austrittsstelle, damit das Bohrloch dort nicht ausreißt. 6
7. Es empfiehlt sich, die Passung jedes Griffs zu prüfen, bevor man ihn in das entsprechende Vorderstück einleimt. Sie müssen den Zapfen vielleicht mit einem Streifen flexiblen Schleifband oder eine Feile mit einer unbehauenen Schmalseite leicht nachschleifen. Geben Sie etwas Leim in das Bohrloch und auf den Zapfen, und stecken Sie den Zapfen so in das Loch, dass der Schlitz senk-

Ausrichten und sägen. Richten Sie das Loch mit einem langen Rundstab parallel zum Sägeblatt aus, und halten Sie den Griff das sicher, während Sie einen Schlitz mittig durch den Zapfen sägen, der bis zu dem Bohrloch reicht.

recht zu den Holzfasern im Schubladenvorderstück verläuft. Das verhindert Risse im Vorderstück, wenn man den Keil eintreibt. Geben Sie einen Tropfen Leim auf den Keil, und beginnen Sie, ihn in den Schlitz zu treiben. 7 Wenn man dabei zu heftig vorgeht, kann der Zapfen oder sogar der ganze Griff reißen. Arbeiten Sie also nur mit leichten Schlägen, und hören Sie auf deren Ton: Wenn er dumpfer wird, ist der Keil ganz eingetrieben. Kein Schlag mehr.

8. Sägen Sie den Überstand von Zapfen und Keil ab, nachdem der Leim getrocknet ist, und schleifen Sie die Fläche glatt. 8 Auch wenn man die Verbindung nicht sehr oft sieht, ist sie doch recht ansprechend. Vor allem sorgt sie jedoch, dass Ihre Schubladengriffe jahrelang fest sitzen.

6

Bohrloch für den Zapfen. Spannen Sie eine Zulage unter das Vorderstück der Schublade, und bohren Sie dann ein Loch mit dem Durchmesser des Zapfens.

7

Klopfen und lauschen. Richten Sie den Schlitz im Zapfen rechtwinklig zum Faserverlauf des Vorderstücks aus, und klopfen Sie vorsichtig den Keil in den Schlitz. Achten Sie auf eine Veränderung des Geräuschs – meist wird es dumpfer –, das zeigt, dass der Keil den Schlitzgrund erreicht hat.

8

Keilarbeit. Der Keil treibt den Zapfen auseinander und gegen die Wandungen des Bohrlochs, was zu einer sehr festen Verbindung führt. Der dekorative Kontrast ist auch sehr ansprechend.

Oberflächenbehandlung an der Drechselbank

Es ist leicht, ein Oberflächenmittel auf ein Werkstück aufzutragen, dass sich in der Drechselbank dreht. Schellack und verdünnte Klarlacke eigenen sich gut für diese Methode. Stellen Sie die Geschwindigkeit auf etwa 500 UpM ein, sorgen Sie dafür, dass die Werkzeugauflage nicht im Weg ist, und tragen Sie das Oberflächenmittel mit einem weichen, fusselfreien Tuch auf, das Sie zu einem Ballen gefaltet haben. Wenn Sie Klarlack verwenden, lassen Sie ihn einige Augenblicke in das Holz eindringen, geben Sie dann etwas mehr Lack an den ballen, und polieren Sie zu einem ansprechenden Glanz. Schellack ist sogar noch einfacher: Tragen Sie so lange Schellack mit dem Ballen auf das sich drehende Werkstück auf, bis der Glanz Ihren Vorstellungen entspricht. Die Reibungshitze trägt dazu bei, dass das Oberflächenmittel sehr schnell trocknet, und so erreichen Sie sehr schnell einen schönen Glanz

Durch Reibung getrocknet. Die Hitze, die entsteht, wenn man Klarlack oder Schellack auf das Werkstück in der laufenden Drehbank aufträgt, sorgt für eine schnelle Trocknung, sodass man sehr schnell und sauber mehrere Schichten auftragen kann.

Stoppklötze

Als letzten Arbeitsschritt vor der Oberflächenbehandlung Ihrer Schubladen müssen Sie sich noch überlegen, wie und wo diese beim Einschieben in den Möbelkorpus zum Stehen gebracht werden sollen. Vielleicht möchten Sie auch etwas anbringen, wodurch das versehentliche komplette Herausziehen der Schublade verhindert wird. Man möchte den Inhalt schließlich nicht vom Fußboden aufsammeln müssen. Außerdem ist es vielleicht nötig, den Inhalt einer Schublade durch einen Verschluss gegen Zugriff zu sichern. Es gibt verschiedene käufliche Beschläge, mit denen Sie sich behelfen können, und außerdem eine Menge Tipps und Tricks, falls Sie etwas selbst bauen möchten.

Stoppklötze

Die meisten kommerziellen Metallauszügen sind mit Federn, Sperrklinken oder schrägen Flächen versehen, die dafür sorgen, dass sich die Schublade automatisch schließt und geschlossen bleibt. Bei einer führungslosen Schublade müssen Sie jedoch etwas vorausplanen, um sicherzustellen, dass sie an der vorgesehenen Stelle im Korpus zum Stillstand kommt.

Bei einer Schublade mit aufgedoppeltem Vorderstück bringt die Rückseite des Doppels die Schublade zum Stehen, wenn sie an der Vorderseite des Möbels anstößt. Einschlagende Schubladen stoppt man an einfachsten ab, indem man Korpus- und Schubladenteile

Eine Schublade abstoppen

Gefälztes Vorderstück

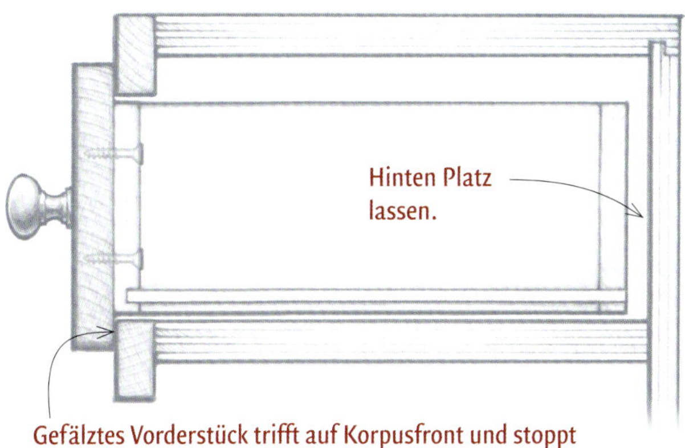

Verlängerter Boden

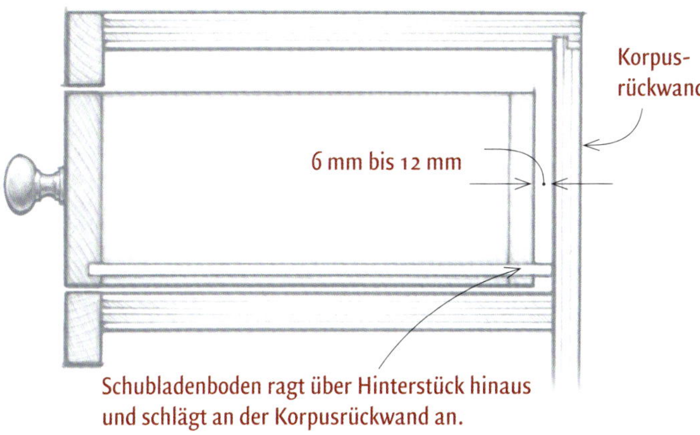

Holzleiste

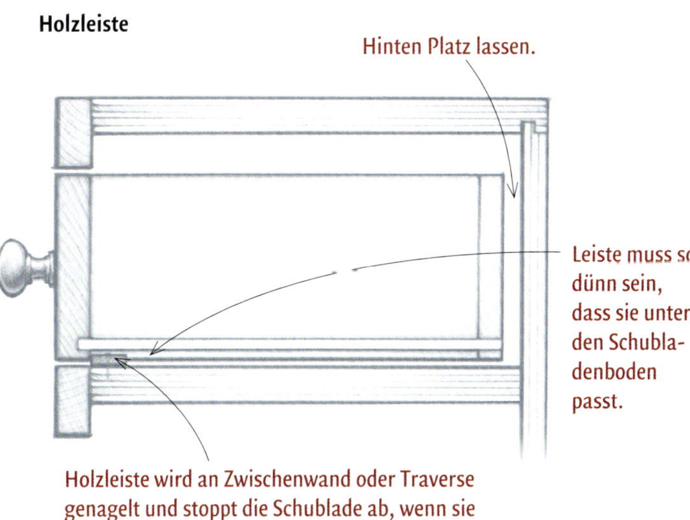

Stoppklötze aus Holz. Der Möbelbauer Kelly Mehler nagelt ein oder zwei dünne Stoppklötze an die Traverse seines Beistelltischs, um die Schublade beim Kontakt mit der Rückseite des Vorderstücks die Schublade abzustoppen. Die Holzfasern sollten parallel zur Auszugsrichtung verlaufen, um den Stoppklotz belastbarer zu machen.

so auf Maß schneidet, dass das Hinterstück der Schublade an die Korpusrückwand stößt, wenn man die Schublade einschiebt. Um das Vorderstück präziser an der Möbelvorderseite auszurichten, kann man auch den Schubladenboden so verlängern, dass er an die Korpusrückwand anstößt. So kann man die Passung nacharbeiten, indem man lediglich die Hinterkante des Bodens bestößt, bis das Vorderstück der Schublade genau dort sitzt, wo man es wünscht. Traditionell werden Schubladen abgestoppt, indem man zum Beispiel kleine Stoppklötze aus Holz mit Leim und Nägeln direkt hinter dem Vorderstück an der Traverse anbringt. Um die Stoppklötze an der richtigen Stelle anzubringen, stellt man ein Streichmaß auf die Stärke des Schubladenvorderstücks ein und reißt damit eine Markierung am Korpus an. Der Nachteil dieser Methode ist (wie bei allen anderen Fällen, wo Holz auf Holz stößt) das unangenehme Geräusch, das jedes Mal ertönt, wenn man die Schublade schließt. Man kann die Stöße mit unterschiedlichen Puffern abfangen, unter anderem auch mit kommerziell erhältlichen selbstklebenden Filz- oder Gummipuffern. Bei aufschlagenden oder aufgedoppelten Schubladen werden an der Rückseite des Schubladenvorderstücks befestigt, bei einer Schublade, deren Hinterstück an den Korpus anschlägt, werden sie am Hinterstück angebracht. Eine Eigenbaulösung besteht aus einem Lederstreifen, den man an einer Holzleiste anleimt. Die Leiste wird dann an der Traverse angeleimt.

Leder ist besser. Stoppklötze, die mit Leder belegt sind, führen zu einem sanfteren, leiseren Schließen als reines Holz. Leimen Sie das Leder an den Stoppklötzen an, und diese dann an der Traverse.

Abgepuffert. Dämpfer gibt es aus verschiedenen Materialien, unter anderem aus Filz, Kork, Gummi und Weichplastik. Wenn man sie an der Rückseite der Schublade oder des Schubladenvorderstücks befestigt, federn Sie das Schließen der Schublade ab

Auszugssperren für Schubladen

Es ist zwar praktisch, eine Schublade gelegentlich zum Reinigen oder routinemäßigen Schmieren der Auszüge aus dem Korpus nehmen zu können, aber es ist sinnvoll, eine Sperre einzubauen, die verhindert, dass man die Schublade versehentlich vollkommen herauszieht und den Inhalt auf den Fußboden befördert. Kommerzielle Metalauszüge sind mit solchen Sperren ausgestattet, aber bei Schubladen, die auf Holz laufen, benötigt man einen selbst gebauten Mechanismus.

Falls Ihr Möbelkorpus einen Rahmen oberhalb der Schublade aufweist, können Sie auf verschiedene Ansätze zurückgreifen. Der erste besteht aus einem einfachen Holzklotz, der drehbar am Hinterstück der Schublade befestigt wird. Wenn er senkrecht steht, schlägt er innen an den Rahmen an, wenn man die Schublade herauszieht. Um die Schublade zu entnehmen, kann er aber leicht in die Waagerechte gedreht werden. Nach Wunsch kann man aber auch den entgegengesetzten Weg gehen und einen drehbaren Klotz an einem Rahmenteil oberhalb der Schublade anbringen.

Falls sich neben einer Schublade Hohlräume befinde, wie das etwa bei hinter den Beinen eines Tischs zurückspringenden Zargen der Fall ist, kann man die Schublade mit Schrauben sichern, die in Gewindemuffen eingedreht werden. Die Gewindemuffen werden hinten in die Schubladenseitenstücke eingesetzt, dann dreht man die Maschinenschrauben so weit in die Muffen ein, dass die Enden über die Schubladenseite hinausragen und gegen die hintere Seite der Beine oder des Rahmens stoßen. Um die Schublade zu entnehmen, werden die Schrauben einfach aus den Muffen herausgedreht.

Stoppklötze als Auszugssperren. Um zu verhindern, dass eine Schublade versehentlich vollständig aus dem Korpus gezogen wird, kann man einen drehbaren Stoppklotz am Hinterstück anschrauben, der an eine über der Schublade liegende Traverse stößt, wenn man die Schublade öffnet. Alternativ kann man einen ähnlichen Stoppklotz auch an der Traverse anbringen, sodass er an das Schubladenhinterstück anstößt.

Schrauben als Auszugssperren. Ein Paar Schrauben mit Maschinengewinde werden in Gewindebuchsen in den Seitenstücken gedreht, und schlagen an der Innenseite eines Blendrahmens oder an versetzten Tischbeinen an. Die Schrauben werden einfach herausgedreht, wenn man die Schublade entnehmen möchte.

Schubladenschlösser

Falls Sicherheit ein Kriterium ist, sollte man abschließbare Schubladen in Betracht ziehen. Es gibt zwei grundsätzliche Schlossvarianten: Das Einsteckschloss und das Einlassschloss. Das Einsteck- oder Zylinderschloss ist sehr viel einfacher anzubringen und wird meist bei modernen Möbeln verwendet. Das Einlassschloss findet sich bei vielen antiken Möbeln und Reproduktionen solcher Möbel. Es erfordert sorgfältiges Anreißen und Ausstechen der Aussparung, um richtig zu funktionieren.

Ein Einsteckschloss anbringen

1. Reißen Sie die Lage des Zylinders an, meist ist das die Mitte zwischen den Seiten des Schubladenvorderstücks.
2. Bohren Sie ein Loch durch das Vorderstück als Aufnahme für den Zylinder. Die meisten Zylinderschlösser werden auf der Rückseite des Vorderstücks aufgeschraubt, sie müssen also dort keine Ausklinkung für das Schloss einschneiden.

Schubladenschlösser

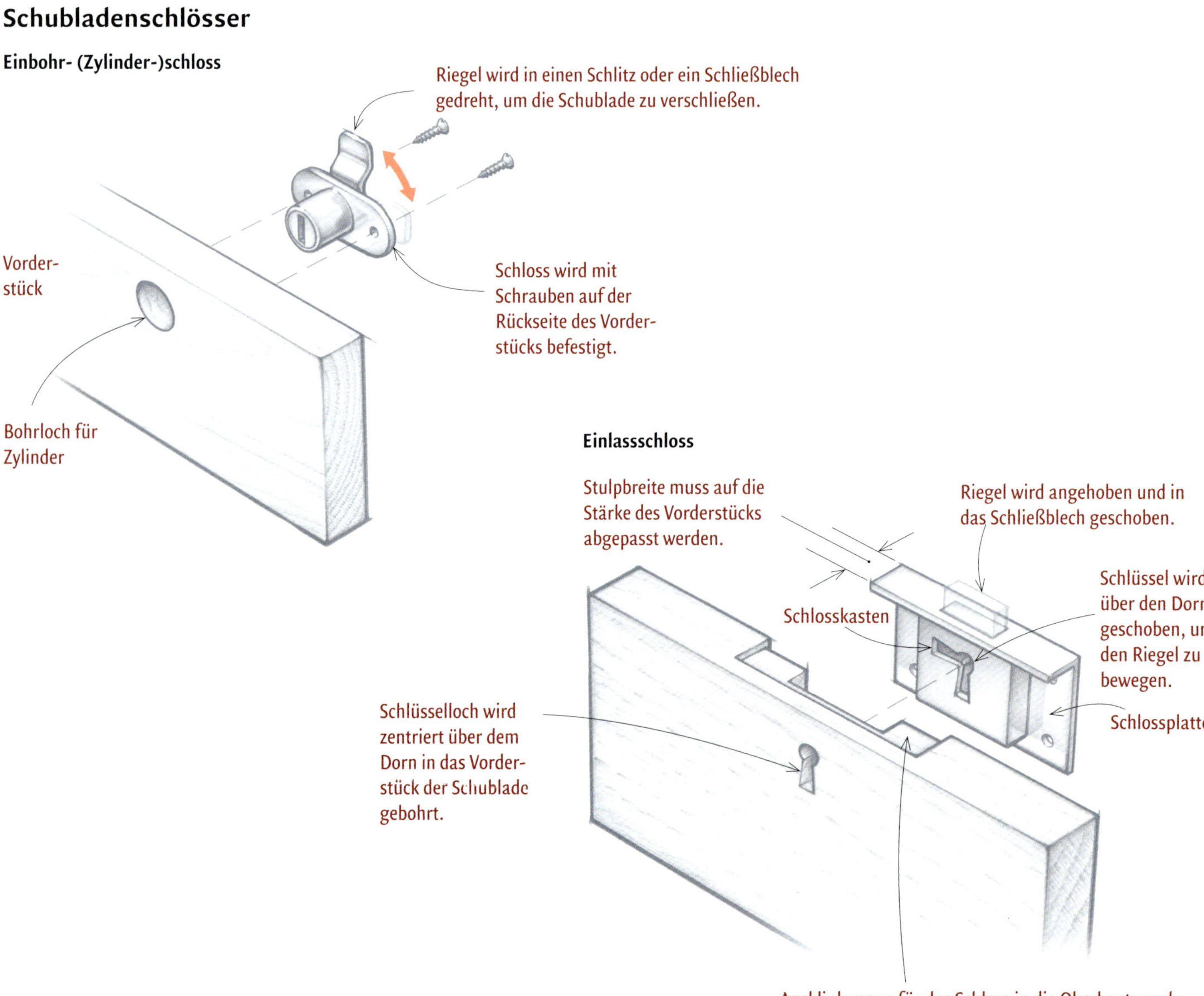

3. Nachdem das Schloss angebracht worden ist, wird die Position des Riegels auf den Möbelkorpus übertragen und dort ein Schlitz geschnitten, um den Riegel aufzunehmen. Sicherheitshalber sollte man über diesem Schlitz noch ein Schließblech anbringen.

Ein Einlassschloss anbringen

Wählen Sie ein Einlassschloss, dessen Stulp zur Stärke des Vorderstücks Ihrer Schublade passt. Zwischen der Kante des Stulps und der Vorderseite der Schublade sollten etwa 3 mm Holz stehen bleiben. Das Schlüsselloch wird mit Bohrer und Säge im Vorderstück eingeschnitten. Man kann es entweder so belassen oder mit einem (aufgeschraubten) Schlüsselschild oder einer (eingelassenen) Schlüsselbuchse versehen. Ein Schlüsselloch ohne Schild sieht sauberer und zurückhaltender aus, es muss aber präzise geschnitten werden, um gut zu wirken. Schüsselschilder und -buchsen werden traditionell verwendet, um die Schubladenvorderseite durch Kratzer vom Schlüssel zu schützen, die Schublade zu schmücken und gegebenenfalls unsauber geschnittene Schlüssellöcher abzudecken.

1. Reißen Sie die Lage des Dorns mit einer Ahle an. Messen Sie dazu das Dornmaß: die Entfernung vom Stulp bis zum Mittelpunkt des Dorns.
2. Falls Sie ein Schlüsselschild aufschrauben, können Sie mit einem Bohrer durch das Vorderstück bohren, dessen Durchmesser dem Schlüsselloch entspricht, und das Schlüsselschild dann an der Vorderseite anbringen, nachdem Sie das Schloss eingelassen haben. Falls Sie eine Schlüsselbuchse zum Einlassen gewählt haben, bohren Sie zuerst ein Sackloch, das dem Außendurchmesser des runden Teils der Buchse entspricht. Die Bohrtiefe sollte etwas geringer als die Stärke der Buchse sein. Halten Sie die Buchse gegen die Vorderseite der Schublade, und übertragen Sie den Umriss des unteren Buchsenteils mit einem scharfen Messer auf das Holz. Stechen Sie ihn bis zur gleichen Tiefe wie den runden Teil aus. Dann können Sie etwas Cyanacrylatklebstoff an die Buchse geben und sie mit leichten Schlägen eintreiben. Lassen Sie den Klebstoff trocknen, und schleifen Sie die Oberfläche bündig. Bohren Sie dann mit einem Holzspiralbohrer durch die Markierung, die Sie mit der Ahle angebracht haben, und schneiden Sie den unteren Teil des Schlüssellochs mit einer Laubsäge aus. 1
3. Reißen Sie mit Lineal und Tischlerwinkel die Lage der Ausklinkung für den Schlosskasten so an, dass sie am Schlüsselloch ausgerichtet ist. Schneiden Sie die Ausklinkung mit der Handoberfräse oder dem Stechbeitel. Die Tiefe sollte etwas größer sein als Schlosskasten und Schlossplatte zusammen, die Breite etwas größer als die Breite des Schlosskastens. Die Ausklinkung muss nicht ausgesprochen sauber geschnitten werden, da die Schlossplatte alle Unregelmäßigkeiten abdeckt. Lassen Sie aber genug Material stehen, in das Sie die Befestigungsschrauben eindrehen können.

Das Schlüsselloch wird geöffnet. Nachdem man die Aufnahme für die Schlüsselbuchse eingeschnitten und die Buchse eingeklebt hat, bohrt man wie hier gezeigt durch den runden Teil der Buchse und verwendet dann eine Laubsäge, um den unteren, geraden Teil auszusägen.

4. Reißen Sie die Ausklinkung für die Schlossplatte an. Legen Sie den Schlosskasten in seine Ausklinkung, sodass er mittig über dem Schlüsselloch sitzt, und übertragen Sie den Umriss der Schlossplatte mit einem Messer. Fräsen Sie den Großteil dieser flachen Ausklinkung bis zur Stärke der Schlossplatte aus, und stechen Sie dann mit einem Beitel vorsichtig bis zu den Messerrissen ein. 2
5. Reißen Sie die Ausklinkung für den Stulp auf der Oberkante des Schubladenvorderstücks an, indem Sie das Schloss in die zuvor geschnittenen Ausklinkungen stecken, und mit einem scharfen Messer den Umriss des Stulps übertragen. Schneiden Sie die Ausklinkung wie zuvor mit Handoberfräse und Stechbeitel an. Arbeiten Sie gegebenenfalls die Ausklinkung für die Schlossplatte etwas breiter, sodass der Stulp richtig in seiner Ausklinkung sitzt, und schrauben Sie dann das Schloss in der Schublade an. Das Schloss sollte mit der Oberkante der Schublade fluchten. 3
6. Schieben Sie die Schublade in das Möbel, markieren Sie die Stelle, wo der Riegel auf den Korpus trifft, und schneiden Sie dort einen Schlitz für den Riegel ein. Ein Schließblech verbessert die Sicherheit und das Aussehen des Schlosses.

Auf Passung nachstechen. Die Tasche für das Schloss besteht aus drei Ausklinkungen: eine für den Schlosskasten, eine für die Platte und eine dritte an der Oberkante des Vorderstücks für den Stulp.

Schlicht und sauber. Eine Schlüsselbuchse aus Messing ist das Einzige, was von vorne vom Schloss zu sehen ist, der Stulp fluchtet mit der Oberkante des Vorderstücks.

Schubladen schmieren

Schellack als Grundlage. Um eine gute Fläche für das folgende Wachsen zu erhalten, werden alle Gleitflächen der Schublade einschließlich der Seitenstücke und der Führungsleisten im Korpus mit einer dünnen Schicht Schellack behandelt.

Um dafür zu sorgen, dass eine gut laufende Schublade auch weiterhin gut läuft, sollte man sie schmieren, damit ihre Teile leichtgängig gleiten. Metallauszüge profitieren von einer gelegentlichen Reinigung und Schmierung der Kugellager, damit diese Teile in gutem Zustand bleiben. Schubladen, bei denen Holz auf Holz läuft, benötigen etwas mehr Aufwand. Bei fertigen Schubladen wird die Leichtgängigkeit deutlich erhöht, wenn man alljährlich eine Schicht Wachspaste auf alle Laufflächen aufträgt und auspoliert.

Das Gleiche gilt für eine neu gebaute Schublade, allerdings muss man erst eine passende Grundierung für das Wachs schaffen, weil rohes Holz sich so nicht eignet. Am besten versieht man deshalb zuerst alle Laufflächen mit einer dünnen Schicht eines Oberflächenmittels. Allerdings muss man dabei vorsichtig vorgehen: Eine dicke Lack- oder Kunstharzschicht ist nicht sinnvoll, da sie sich auf die Dauer abnutzt und der Abrieb dazu führt, dass die Schublade klemmt. Ich empfehle eine dünne Schicht Schellack auf allen Nutzflächen, einschließlich der Korpusteile, mit denen die Schublade in Berührung kommt. 1 2 Wenn der Schellack getrocknet ist, schleift man mit einem feinen Kunststoffscheuerschwamm, auf den man Wachspaste gegeben hat, die Flächen ab und nimmt dann durch Polieren mit einem weichen Tuch das überschüssige Wachs ab. Dann hat man eine Schublade, die wirklich leichtgängig ist.

Kapitel 4

Besondere Schubladen und Detailfragen

In diesem Kapitel geht es über die Grundlagen hinaus, damit Sie auch Schubladen bauen können, die vom Üblichen abweichen. Sie finden hier Schubladen mit auffälligen Details, Schubladen, die ungewöhnliche Funktionen erfüllen, und Schubladen, deren Inneres passend für bestimmte Zwecke unterteilt ist. Ich spreche auch über „Geheimschubladen“, die sich vor neugierigen Augen verbergen, und dann auch noch über Schubladen, die einfach nur cool aussehen.

Sie können die Entwürfe nachbauen, die Sie hier finden, Sie können aber auch einfach nur von ihnen träumen oder über sie nachdenken, wenn Sie mögen. So oder so sollen diese Ideen Ihrer Phantasie als Anregung dienen, damit sie außerordentliche Schubladen bauen und Ihre Werkstücke auf eine höhere Stufe des Handwerks heben können, um so noch bessere Möbel zu schaffen. Vor allem aber soll Ihnen die Arbeit Spaß machen.

Besondere Schubladen

Manchmal führt der einfachste Einsatz zu den besten Ergebnissen, so etwa, wenn man ein kleines Detail hinzufügt, um eine ansonsten schlichte Schublade zu etwas Besonderem zu machen. Sam Maloofs Kommode weist zum Beispiel Schubladen auf, die in Fächern leicht zurückspringen. Die Zwischenböden und -wände sind an den Vorderkanten abgerundet. Der zusätzliche Arbeitsaufwand war gering. Im Gegenteil, das Einpassen der Schubladen wurde deutlich vereinfacht, weil ihre Vorderseiten nicht mit dem Korpus fluchten müssen. Die abgerundeten Kanten und zurückspringenden Schubladen ergeben ein Aussehen, dass alles andere als alltäglich ist. An der Kommode kann man erkennen, wie kleine Details das Aussehen eines Möbelstücks dramatisch verändern können.

Andererseits kann der Bau von Schubladen für besondere Aufbewahrungsaufgaben, kann die Arbeit mit Kurven und phantasievollen Formen, kann die Konstruktion von winzigen Schubladen oder der Einbau einer Geheimschublade jedes Möbelstück funktional verbessern oder zu einem größeren Vergnügen machen. Es kostet Sie nur etwas Zeit und Arbeit.

Maloofs Rundungen. Die leicht zurückspringenden Schubladen in Sam Maloofs Nussbaumkommode sind von Trennwänden und Zwischenböden mit abgerundeten Kanten eingefasst, wodurch kräftige Schattenlinien entstehen und das Einpassen der Schubladen sehr erleichtert wird.

Schubladen für Hängeordner

Große Schubladen sind meist ein Ärgernis, weil es schwierig ist, Ordnung in ihnen zu halten und weil Dinge in den hintersten Ecken verschwinden. Das gilt nicht für Schubladen mit Hängeregistraturen. In diesem Fall ist groß auch gut, weil Schienen oder Stangen, die man oben in der Schublade anbringt, Hängeordner aufnehmen, in den alle Akten und Papiere gut geordnet und sofort greifbar aufbewahrt werden können.

Solche Schubladen zu bauen, ist nicht schwierig, und man benötigt auch kaum besondere Beschläge. Allerdings sollte man Schwerlastvollauszüge verwenden, um das beträchtliche Gewicht zu bewältigen und Zugriff auf den hinteren Teil der Schublade zu gewähren. Es gibt Kunststoffschienen, die Sie über die Oberkanten von 12 mm starken Schubladenseitenstücken stecken können, um die Hängeordner zu halten. Alternativ können Sie auch Flachstangen aus Metall oder Rundstangen mit 6 mm Durchmesser aus Messing oder Stahl verwenden.

Schublade mit längs auf Messingrundstangen eingehängter Hängemappe. Die Messingstangen werden in abgesetzten Nuten eingelegt. Siehe Längsschnittzeichnung unten.

Hängeregistraturen

Schubladenmaße für DIN-A4-Hängeordner

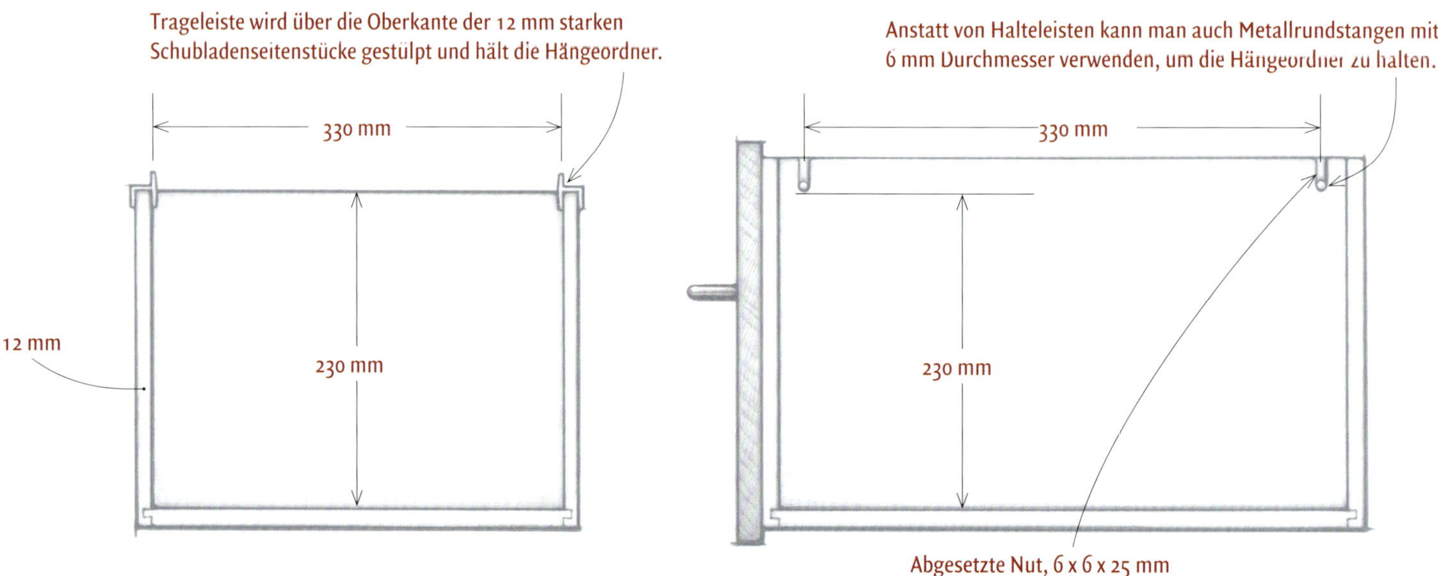

Frontalschnitt eine Schublade für Hängemappen, die quer eingehängt werden.

Längsschnitt einer Schublade für Hängemappen, die längs eingehängt werden.

Bei einer Hängeregistraturschublade gibt es einige Maße, die man einhalten muss. Die Schublade muss innen mindestens 240 mm hoch sein, damit die Ordner frei hängen können, und die Breite muss mindestens 350 mm betragen, um Ordner mit Schriftstücken im Format DIN A4 aufnehmen zu können. Die Länge der Schublade wird durch die Menge der Ordner bestimmt, die untergebracht werden sollen. Eine schmalere, aber längere Schublade kann auch zwei Registraturen hintereinander aufnehmen.

Auch die Rückseite ist gewölbt. Das gewölbte Vorderstück an dieser Schublade besteht aus mehreren Holzschichten, die über einer gebogenen Form laminiert und dann an der Sichtseite mit Riegelahorn furniert wurden.

Schubladen mit gewölbten Vorderfronten

Es gibt viele Varianten von Möbelstücken, die mit in irgendeiner Form gewölbten Vorderfronten das Augenmerk des Betrachters unweigerlich auf sich ziehen. Die einfachste Methode, eine Schublade mit einer solchen gewölbten Vorderseite herzustellen, besteht darin, die Wölbung mit der Bandsäge nur an der Sichtseite des Schubladenvorderstücks anzusägen und die Innenseite eben und grade zu belassen.

Eleganter sieht es aus, wenn die Innenseite genauso gewölbt ist wie die Außenseite, sodass man ein gewölbtes Vorderstück gleichmäßiger Stärke erhält. Man kann eine solches Vorderstück herstellen, indem man mehrere Schichten Furnier laminiert, also verleimt, über eine Form legt und mit einer selbstgebauten Furnierpresse oder in einem Vakuumsack zusammenpresst. Bei dieser Methode kann man für die Vorderseite auch auf seltenere und teurere Furniere zurückgreifen, um einen besonderen Effekt zu erzielen. Die Verbindungen sind leicht anzuschneiden, an den Ecken kann man Nuten oder Schwalbenschwanzzinkungen einsetzen. Allerdings muss der Rohling mit Zulagen abgestützt werden, falls Sie die Verbindungen an der Tischkreissäge schneiden möchten.

Bei einer doppelten Wölbung, wie man sie an manchen Antiquitäten sieht, können Sie ebenfalls eine Pressform in der gewünschten Gestaltung herstellen und die Furnierlagen damit verpressen. Stellen Sie den Rohling mit Übermaß in Länge und Breite her, bringen Sie ein Deckfurnier auf der Außenseite und ein Gegenfurnier auf der Innenseite an, damit sich das Werkstück nicht verzieht, und schneiden Sie es dann an der Tischkreissäge auf Endmaß.

Doppelte Kurven. Eine Biegeform mit einer doppelten Kurve wird hier verwendet, um ein Schubladenvorderstück in einem Vakuumsack zu laminieren.

Rechtwinklig zusägen. Nachdem der übergroße Rohling an der Sicht- und Rückseite furniert worden und auf Endbreite geschnitten worden ist, wird er mit dem Ablängschlitten an der Tischkreissäge auf Länge geschnitten.

Vorderstücke mit Hohlkehle

Sehr effektvoll ist auch eine Schublade, deren Vorderstück auf eine andere Weise geschwungen ist: mit einer Hohlkehle an der Sichtseite. Wenn man die Seitenstücke dann mit einer halbverdeckten Schwalbenschwanzzinkung anbringt, bei der die Schwalbenschwänze die Form der Hohlkehle aufnehmen, erzielt das eine sehr ansprechende dekorative Wirkung.

1. Schneiden Sie die Hohlkehle an der Tischfräse oder am Handoberfräsentisch mit einem entsprechend großen Fräser an, oder indem Sie das Vorderstück im Winkel an einem Anschlag über schräg über das Sägeblatt der Tischkreissäge führen.
2. Reißen Sie die Schwalbenschwänze an den Seitenstücken so an, dass sie die Form der Hohlkehle aufnehmen, und schneiden Sie sie an der Bandsäge aus. 1 Nötigenfalls können Sie die Rundung am Ende nach dem Aussägen an einer Spindelschleifmaschine nacharbeiten und versäubern.
3. Verwenden Sie die Schwalbenschwänze als Schablone, um die Zinken einschließlich der Rundung vorne anzureißen, so wie Sie das auch bei einer normalen halbverdeckten Schwalbenschwanzzinkung tätrn (siehe Kapitel 2). 2 Schneiden Sie wie bei einer traditionellen Schwalbenschwanzzinkung mög-

Schwalbenschwänze an der Bandsäge. Zwei der drei Schwalbenschwänze an jedem Schubladenseitenstück sind am Hirnholz konkav geschnitten, um zu Rundung des Vorderstücks zu passen. Die Schnitte sind an der Bandsäge leicht auszuführen.

Der Kurve mit dem Messer folgen. Wie bei traditionellen halbverdeckten Schwalbenschwanzzinkungen wird auch hier das Schwalbenbrett verwendet, um die Zinken am ausgekehlten Vorderstück anzureißen.

Rundung mit dem Hohleisen stechen. Entfernen Sie den Verschnitt neben den Zinken mit schmalen Stechbeiteln, und verwenden Sie ein Hohleisen passender Stichgröße, um die geschwungene vordere Brüstung anzuschneiden.

lichst viel von den Zinken mit der Säge aus, und entfernen Sie dann den restlichen Verschnitt mit dem Stechbeitel. Die einzige schwierige Stelle liegt dort, wo die Aussparungen für die Schwalbenschwänze vorn gerundet sind. Verwenden Sie für diesen Schnitt einen Hohlbeitel mit dem richtigen Stich (Schneidenkrümmung), und stechen Sie senkrecht ein, um die Wandung zu schneiden. 3

4. Verleimen Sie die Schubladenstücke, bauen Sie die Schublade ein, und lassen Sie Ihre Freunde dann ruhig fragen: „Wie hast du denn das hinbekommen?) 4

Gekehlte Schwalbenschwänze. Die Enden der Schwalbenschwänze an den Seitenstücken dieser flachen Schublade folgen der Auskehlung des Vorderstücks, ein einzigartiger optischer Effekt.

Schubladen mit Verjüngungen

Der Möbelbauer Gary van Rawlins beschloss, sich an verjüngten Schubladenseitenstücken zu versuchen, nachdem er in einem alten Buch einige merkwürdige Schubladen in Shaker-Möbeln entdeckt hatte. Die Wirkung ist eher eine ästhetische als eine funktionale. Auf der Innenseite der Schublade entstehen ansprechende Schrägen, und die Oberkanten sind dünner, zierlicher. Allerdings hat es auch einen praktischen Aspekt, wie immer bei den Shakern: Die Unterkanten der Seitenstücke sind stärker und bieten deshalb eine breiter Auflagefläche für die Führung der Schubladen.

Die Verbindungsarbeit ist einfach, wenn man in der richtigen Reihenfolge vorgeht. Reißen Sie zuerst die Schwalbenschwänze an den Seitenstücken an, schneiden Sie sie an, und verjüngen Sie dann die Seitenstücke, indem Sie sie auf einer schrägen Unterlage durch den Dicktenhobel führen. Der genaue Winkel ist nicht so wichtig; eine Neigung von etwa 3 Grad ergibt angenehme Proportionen. Nachdem die Seitenstücke verjüngt worden sind, verwendet man sie, um die Verbindungen am Vorder- und Hinterstück anzureißen und dann anzuschneiden. Dazu überträgt man mit dem Messer den Umriss der Zinken und die abgewinkelten Grundlinien von den keilförmigen Seitenstücken auf die Zinkenbretter. Wenn die Schublade zusammengebaut worden ist, sind die Außenseiten rechtwinklig, man kann sie also auf die normale Art und Weise in den Korpus einpassen.

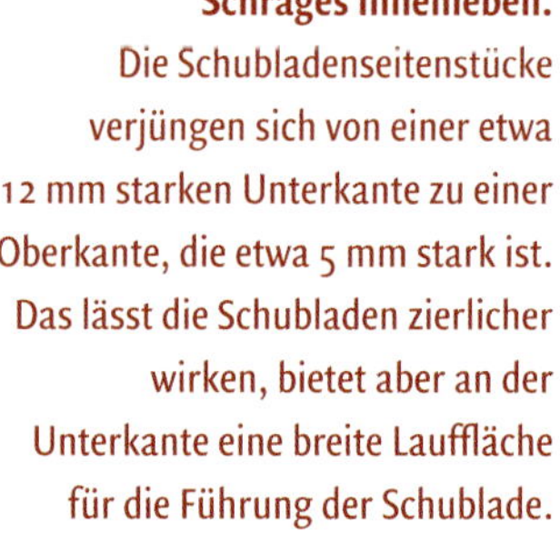

Schräges Innenleben. Die Schubladenseitenstücke verjüngen sich von einer etwa 12 mm starken Unterkante zu einer Oberkante, die etwa 5 mm stark ist. Das lässt die Schubladen zierlicher wirken, bietet aber an der Unterkante eine breite Lauffläche für die Führung der Schublade.

Winzige Schubladen

Manchmal braucht man eine wirklich sehr kleine Schublade, vielleicht für eine kleine Schachtel für Souvenirs, vielleicht für eine Schmuckschatulle, oder vielleicht sogar für ein maßstabsgerechtes Modell eines Möbelstücks, das Sie bauen wollen. Die Herausforderung bei solchen Werkstücken sind die Verbindungen, die gut aussehen und ebenso gut passen sollen. Da bei solch kleinen Abmessungen die Details ins Blickfeld geraten, ist Präzision besonders wichtig. Das gilt besonders für winzige Schwalbenschwanzzinkungen.

Die kleine Holzkommode des Möbelbauers Yeung Chan ist ein hervorragendes Beispiel dafür, wie man in kleinem Maßstab und dennoch sehr genau arbeiten kann. Um die halbverdeckten und die offenen Schwalbenschwanzzinkungen an seinen Schubladen anzuschneiden, verwendet Yeung besonders schmale Stechbeitel nach einem eigenen Entwurf (bei Lee Valley Tools erhältlich) und eine japanischen Dozuki-Säge mit 32 Zähnen pro Zoll und einem nur 0,2 mm dünnen Sägeblatt. Mit diesen beiden Spezialwerkzeugen kann man Verbindungen schneiden, die so klein sind, dass man vielleicht ein Vergrößerungsglas benötigt, um sie würdigen zu können.

Geheimschubladen

Weil es Spaß macht, und weil es niemanden gibt, der sich nicht für Geheimnisse begeistert, können Sie sich auch einmal im Bau von Geheimschubladen versuchen. Dafür muss man in einem Möbelstück ungenutzten Raum ausfindig machen und diesen dann als Geheimfach oder -schublade ausstatten. Viele Möbel haben solche ungenützten Räume an der Unterseite, wo man ein breiteres Querfries anbringen kann, hinter dem ein „doppelter Boden" versteckt ist, der über dem wirklichen Boden des Möbelstücks liegt.

Man kann einen solchen Hohlraum auch noch „geheimnisvoller" gestalten, indem man zusätzlich noch versteckte kleine Schubladen einarbeitet. Ich danke meinem Mentor, dem Möbelbauer Frank Klausz, der die folgende Anordnung beschrieb, die er vor

Winzige Zinkungen. Diese Kommode aus Vollholz ist nicht einmal 125 mm hoch. Der Möbelbauer Yeung Chan hat sie mit winzigen, auf Schwalbenschwanzzinkungen gearbeiteten Schubladen versehen, die er mit einem 1,5 mm breiten Stechbeitel und einer sehr feinen japanischen Säge hergestellt hat.

Schauen Sie doch mal nach unten. Die Fächer unter den unteren Schubladen dieser Nussbaumkommode sind hinter einem breiten unteren Querfries verborgen und von 6 mm starken doppelten Böden aus Sperrholz abgedeckt, die über dem echten Boden des Möbels angebracht sind.

Anatomie einer Geheimschublade

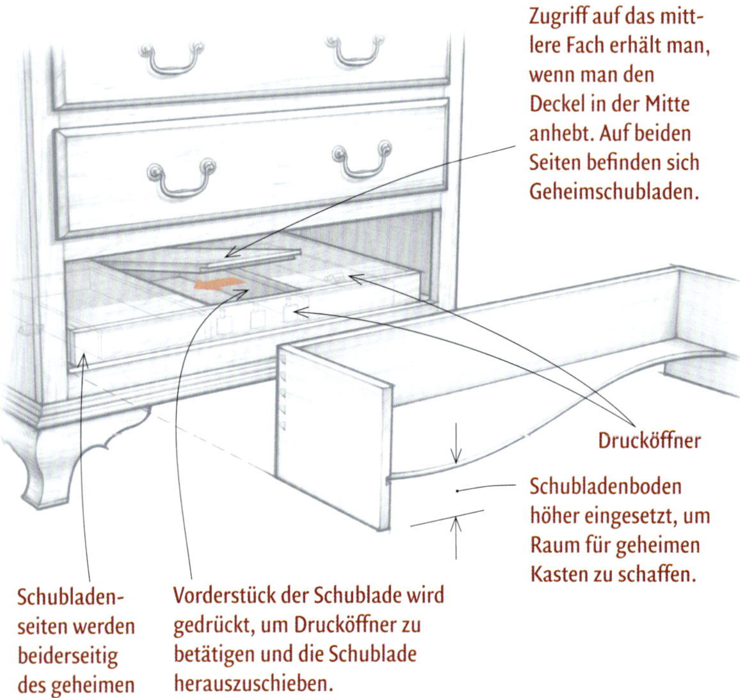

Jahren beim Entwurf einer traditionellen Kommode für Bettwäsche verwendete.

Die unterste Schublade hat einen angehobenen Boden, unter dem Raum für ein Fach oder großen Kasten ist, der auf dem Boden der Kommode angebracht ist. Auf der Oberseite des Fachs liegen drei Platten. Um an die Schubladen zu gelangen, muss man einen Trick anwenden. In der Mitte liegt eine herausnehmbare Platte, zu ihren Seiten zwei fest einmontierte Platten. Um die Mittelplatte zu entfernen, drückt man sie an ihrer Vorderkante, um drei Druckriegel zu entsperren (siehe „Tablettauszüge mit Drucköffner", Seite 88), und dann die Platte entnehmen, um ein Mittelfach freizugeben.

Wenn ein Dieb so weit gekommen ist, wird er vermutlich denken, er hätte das Geheimnis gefunden, und seiner Wege gehen, vor allem wenn der vorausschauende Besitzer etwas halbwegs Wertvolles in diesem Mittelfach deponiert hat. Allerdings sind die Seitenwände des Mittelfachs tatsächlich die Vorderstücke von zwei kleinen Schubladen, die man öffnet, indem man sie nach innen drückt, um weitere Druckriegel zu entsperren. Man zieht die Schubladen heraus und entnimmt sie durch das Mittelfach. Und siehe: In den beiden Schubladen liegen die wirklichen Wertstücke – einschließlich einem Ersatzschlüssel für die Kommode, falls der Besitzer einmal den Originalschlüssel verlieren sollte. Was aber nur hilft, wenn die Schublade nicht abgeschlossen ist.

Fast geschafft!
Wenn man die untere Schublade aus dem Korpus nimmt, kommt ein erhöhter Kasten zum Vorschein. Durch Drücken lässt sich der mittlere Deckel anheben und gibt den Blick auf ein Geheimfach frei.

Das wirkliche Geheimnis wird gelüftet. Wenn man eine der Seitenwände des Fachs drückt, kommt dort jeweils eine kleine Schublade heraus. Darin werden die wirklichen Wertsachen aufbewahrt.

Auszüge

Man kann in Möbeln mehr Dinge unterbringen, die sich hineinschieben und herausschieben lassen, als nur Schubladen, wenn man Platz lässt, um ebenso nützliche Dinge wie Auszüge und Tabletts unterzubringen. Auszüge sind einfach nur Schubladen, die hinter Möbeltüren untergebracht sind und nicht sichtbar sind, bis man diese Türen öffnet.

Sie sind leicht zu bauen und machen die (Aufbewahrungs-) Funktionen des Möbels vielseitiger.

Auszüge werden meist durch Metallauszüge geführt. Sie bieten viel besseren Zugriff auf den Inhalt als einfache Regalbretter. Ein ganzer Schrank mit Auszügen kann vor allem in der Küche sehr nützlich sein, aber sie sind auch in hochwertigen Möbeln und Einzelstücken durchaus praktisch. Sie werden mit Metallauszügen geführt oder wie führungslose Holzschubladen konstruiert und benötigen meist keine aufwendigen Beschläge, um benutzt zu werden.

Englische Züge

Schneller Zugriff. Der Schubladenschrank mit englischen Zügen hinter Schiebetüren macht es leicht, auf den Inhalt zuzugreifen.

Meist baut man Auszüge für ein Möbelstück in Größen, die mit Schubladen vergleichbar sind, weil wie in einer normalen Schublade auch in einem Auszug der Inhalt schwer zu finden sein kann, wenn der Kasten zu groß ist. Allerdings kann man in diesem Fall das Beste beider Welten haben: eine große Schublade, die viele Gegenstände aufnehmen kann, und diese Gegenstände dann auch leicht finden und entnehmen. Man muss nur eine große Schublade konstruieren, die ein niedriges Vorderstück und Seitenstücke hat, die zu einem hohen Hinterstück ansteigen. Bei dieser Variante des sogenannten Englischen Zugs hat man den gesamten Inhalt

Hoch, aber handhabbar. Der Inhalt eines hohen und tiefen Zugs ist leicht zu organisieren und zu erreichen, wenn das Vorderstück flach gehalten wird und die Seitenstücke geschwungen zu einem hohen Hinterstück ansteigen.

der Schublade im Blick, vor allem wenn man höhere Dinge hinten unterbringt, und große Gegenstände können weder kippen noch umfallen, weil sie von den hohen Seiten- und Hinterstücken gehalten werden.

Um Englische Züge in Kleinserie zu bauen, kann man mit einer Schablone fräsen, was die Arbeit deutlich beschleunigt.

1. Schneiden Sie aus Sperrholz jeweils eine Schablone auf die genaue Form des rechten und des linken geschwungenen Seitenstücks zu, und arbeiten Sie die Karnieskurve mit Raspeln, Feilen und Schleifpapier zu einem harmonischen Schwung nach. Da die Karnieskurve auf beiden Seiten gleich ist und sich nur dadurch unterscheidet, dass die Verbindungen an gegenüberliegenden Seiten angeschnitten werden, kann man Zeit sparen, indem am nur eine Schablone so nacharbeitet und sie dann verwendet, um das Gegenstück zu fräsen. Wenn Sie mit dem Verlauf der Kurve

Clever arbeiten

Wenn man ein Schablonenteil an der Bandsäge zuschneidet, sollte man versuchen, so dicht wie möglich am Riss zu sägen – möglichst bis auf 1 mm. Je weniger Verschnitt mit der Handoberfräse entfernt werden muss, desto sauberer und ausrissfreier wird die Fräsung. Außerdem wird der Fräser auch weniger beansprucht.

zufrieden sind, nageln Sie Anlageleisten an die Kanten der Schablonen, um die Werkstücke für das Fräsen auszurichten.

2. Schneiden Sie die Verbindungen an die Bauteile der Schublade einschließlich der Rohlinge für die Seitenstücke an, legen Sie dann jedes Seitenstück in die zugehörige Schablone, und übertragen Sie den Umriss der Schablone auf das Seitenstück. 1
3. Sägen Sie jedes Seitenstück mit geringem Übermaß entlang des Risses mit der Bandsäge aus.
4. Legen Sie das Seitenstück wieder in die Schablone, und verwenden Sie einen Bündigfräser (Fräser, bei dem das Anlaufkugellager und die Schneiden den gleichen Durchmesser haben), um das Seitenstück am Handoberfräsentisch auf die genaue Form der Schablone zu fräsen. 2 Wiederholen Sie die Schablonenfräsung so oft, wie Sie Seitenstücke für die Auszüge Ihres Möbelstücks benötigen.

Zuerst den Umriss übertragen. Wenn Sie die Verbindungen an die Schubladenteile angeschnitten haben, übertragen Sie den Umriss jeder Frässchablone auf ein Schubladenseitenstück.

Dann bis zum Riss fräsen. Der Anlaufring des Fräsers folgt der Außenkante der Schablone und schneidet so ein Schubladenseitenstück der gleichen Größe und Form.

Tablettauszüge

Es gibt vermutlich genauso viele unterschiedliche Tablettauszüge, wie es Schubladen gibt. Sie alle stellen unzählige Funktionen für Möbel bereit, die sonst vielleicht eher schlichte Kommoden, Tische oder Arbeitsplätze wären. In seiner grundlegenden Form ist ein Tablettauszug eine flache Platte, meist aus 6, 12 oder 20 mm starkem Sperrholz mit einem Vollholzumleimer. Der Tablettauszug wird aus dem Möbel herausgezogen, um zwischendurch Gegenstände abzulegen oder um als zeitweilige Arbeitsfläche zum Schreiben oder für andere Aufgaben zu dienen, danach wird er dann wieder zurückgeschoben. Man kann ihn auf die gleiche Weise im Korpus anbringen wie eine Schublade, mit Metallauszügen oder einer anderen Führung, wie man sie für normale Schubladen verwenden würde. Tablettauszüge für besondere Zwecke werden weiter unten besprochen.

Tablettauszüge mit Drucköffner

Dieses kleine, lederbezogene Tablett weicht nur in einer Hinsicht von normalen Tablettauszügen ab: Es ist mit einem Drucköffner an der Rückseite versehen, der das Tablett herausfedern lässt, wenn man vorne dagegen drückt. Im geschlossenen Zustand wird der Auszug von einem Magneten gehalten, der am Ende des Federzylinders vom Drücköffner angebracht ist und eine Metallplatte anzieht, die hinten am Tablett angebracht ist.

Einen Drucköffner an einem Tablettauszug, einem Deckel oder einer Tür anzubringen, ist relativ einfach, wenn man einige Dinge beachtet. Der Tablettauszug muss so kurz sein, dass hinter ihm ausreichend Platz für den Mechanismus ist. Falls das Vorderstück des Tablettauszugs oder der Schublade auf den Korpus aufschlägt

Wie ein Drucköffner funktioniert

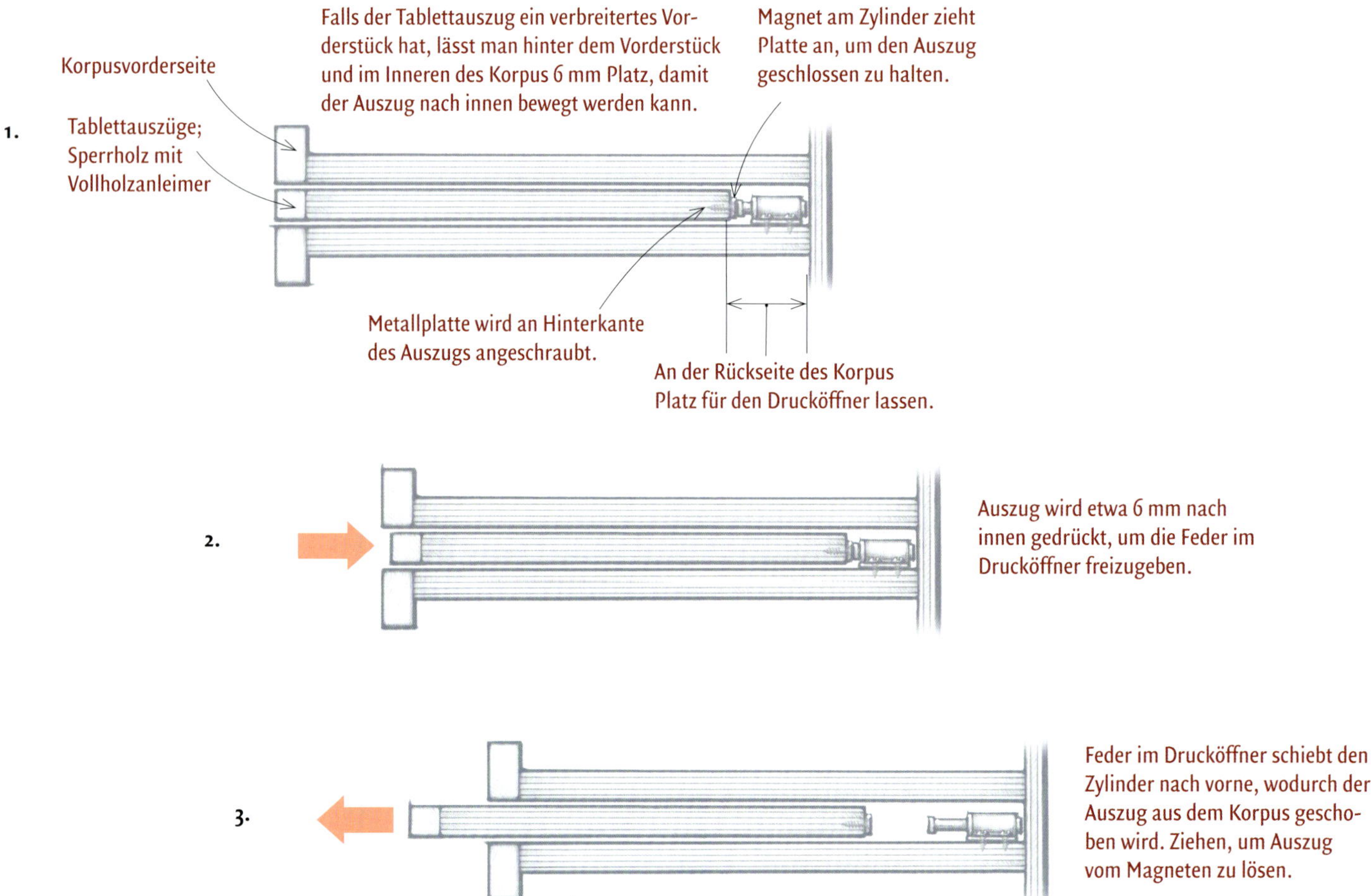

Magnet am Metall. Der Tablettauszug wird geschlossen gehalten, indem ein Magnet am Ende des Zylinders an einer Metallplatte haftet, die an der hinteren Kante des Tabletts angeschraubt ist.

(oder falls sich hinter einem Deckel oder Tür ein Korpusteil befindet), muss man hinreichend Platz einplanen, dass die Feder des Drucköffners ausgelöst werden kann. Das Bauteil sollte etwa um 6 mm nach innen geschoben werden können. Gegebenenfalls müssen entsprechende Innenteile des Korpus zurückspringend gestaltet werden.

Bauen Sie das Tablett, und passen Sie es mit einer Führung aus Holz ein. Als Führung können schon einfache Nuten ausreichen, die in den Korpus geschnitten werden. (Metallauszüge sind nicht geeignet, ihr eingebauter Schließmechanismus verhindert die richtige Funktion des Drucköffners.) Nachdem Sie das Tablett mit der Metallplatte eingebaut haben, schrauben Sie den Drucköffner so am Korpus an, dass der Magnet an der Metallplatte anliegt, wenn der Zylinder zurückgeschoben ist. Um den Tablettauszug zu öffnen, wird er einfach etwas (ca. 5–6 mm) nach innen gedrückt. Dadurch wird der Zylinder freigegeben, der den Tablettauszug um etwa 12 mm aus dem Korpus schiebt – was ausreicht, um die Vorderkante zu ergreifen und das Tablett vollständig herauszuziehen.

Bei einem leichten Tablettauszug wie diesem reicht ein knapper Druck sogar aus, um ihn fast ganz herausspringen zu lassen. Das ist sehr cool. Im Allgemeinen sind Drucköffner am besten für leichte Bauteile mit schmalen Kanten geeignet, also etwa relativ dünne Tabletts und Türen. Sie sind keine gute Wahl für schwerere Komponenten wie normale Schubladen, funktionieren aber gut bei kleinen Schubladen mit Vorderstücken, die nicht stärker als 6 mm sind.

Die Funktion des Drucköffners. Wenn man das Tablett etwa 5 mm nach innen drückt, wird der gefederte Zylinder des Drucköffners freigegeben. Dadurch schiebt sich das Tablett etwa 10 mm aus dem Korpus, sodass man es erfassen und vollkommen herausziehen kann.

Tastaturauszug

Unser digitales Zeitalter lässt uns viel Zeit vor dem Computer verbringen, deshalb steht für viele Menschen eine bequeme Ablagestelle für die Tastatur hoch auf der Wunschliste. Gibt es eine bessere Art, es sich vor dem Computer bequem einzurichten, als sich selbst einen Tastaturauszug aus dem glorreichen Naturstoff Holz zu bauen und auf Dutzendware aus seelenlosem Kunststoff zu verzichten?

Kaufen Sie zuerst die Beschläge für den Auszug. Sie sind in den einschlägigen Online-Katalogen leicht zu finden. Die besten Beschläge sind solche, die einen Mechanismus aufweisen, der es erlaubt, die Ablage herauszuziehen, zu drehen und neigen und in der Höhe zu verstellen. So kann man die eigene Haltung vor der Tastatur optimieren.

1. Stellen Sie die Ablage aus 20 mm starkem Vollholz oder furniertem Sperrholz mit einem Umleimer aus Vollholz her. Die Abmessungen sollten so gewählt werden, dass neben der Tastatur selbst

Holz ist gut. Formen Sie eine Handballenauflage, um bequem arbeiten zu können. Die Kanten werden mit dem Fräser oder Hobel abgerundet, dann dreht man von unten durch die Tastaturablage Schrauben bis in die Handballenauflage.

Von einer Platte geführt. Befestigen Sie die Platte, die den Mechanismus der Tastaturhalterung führt, mit Schrauben an der Unterseite der Arbeitsplatte. Bringen Sie sie so weit vorne wie möglich an, damit Ihre Tastatur den größtmöglichen Verstellspielraum erhält.

Schieben Sie den Mechanismus auf die Platte. Bringen Sie dann die Tastaturhalterung darauf an, indem Sie von unten Schrauben hineindrehen.

Auf die eigenen Bedürfnisse eingestellt. Ein guter Halterungsmechanismus lässt sich nach der Montage beliebig verstellen: herausziehen, hineinschieben, drehen, in der Neigung und der Höhe verstellen, um den eignen Gewohnheiten im Umgang mit der Tastatur und Maus entgegenzukommen.

auch noch ausreichend Platz für eine Maus oder anderes Eingabegerät vorhanden ist.

2. Formen Sie eine Handballenauflage aus Holz. Runden Sie die Kanten ab, um Druckstellen zu vermeiden, und schrauben Sie sie an der Vorderseite der Tastaturablage an. 1 Behandeln Sie die Oberfläche mit einem abriebfesten Mittel wie einem Klarlack oder Polyurethanlack.
3. Befestigen Sie die Platte, mit der die Beschläge an die Unterseite Ihres Schreibtischs oder Arbeitsplatzes geführt werden, sodass die Plattenvorderkante mit der Vorderkante der Tischplatte fluchtet, um die Tastatur möglichst weit herausziehen zu können. 2 Bringen Sie den Verstellmechanismus an der Platte an, und befestigen Sie die Ablageplatte am Mechanismus, indem Sie von unten Schrauben eindrehen. 3 Nach der Montage können Sie noch eine Feineinstellung der Tastaturablage und ihres Auszugs vornehmen, indem Sie die Höhe und den Neigungswinkel verändern. 4

TV-Drehteller

Fernsehsüchtige, die einen perfekten Blick auf ihr Gerät haben möchten, aber auch alle anderen, die unabhängig von der Anordnung der Sitzgelegenheiten in einem Raum den bestmöglichen Blickwinkel wünschen, sollten sich überlegen, einen Drehteller für das TV anzuschaffen, um es immer in die günstigste Stellung drehen zu können. Wenn Sie sich einen Drehteller anschaffen, der auch einen Metallauszug aufweist, können Sie auch leichter an die Rückseite des Geräts gelangen, um dort an den Kabeln und anderen Anschlüssen rumzufummeln. Wie auch sonst, sollten Sie zuerst die Beschläge kaufen und dann das Holztablett bauen, das auf dem Drehteller befestigt wird.

1. Bauen Sie das Tablett aus 20 mm starkem furnierten Sperrholz. Die Länge und Breite sollten auf das TV-Gerät und das Möbelstück oder Regal abgestimmt sein, auf dem der Fernseher stehen soll. Schneiden Sie die hinteren Ecken des Tabletts im 45°-Winkel ab, damit es nicht anstößt, wenn es auf dem Drehteller gedreht wird. Leimen Sie dann eine Holzleiste an der Vorderkante an, die breit genug ist, die Beschläge zu verbergen, und nach unten 6 mm Abstand zur Möbeloberseite hat. 1 Tragen Sie ein Oberflächenmittel Ihrer Wahl auf.
2. Befestigen Sie die Metallplatte des Drehtellers mit Schrauben an der Unterseite des Tabletts. 2
3. Bringen Sie den Drehteller mit Tablett am Möbelstück an, indem Sie die Auszüge mit Gewindeschrauben befestigen. 3 Genießen Sie dann wirklich „abgedrehte“ Fernsehkost.

Eine Kante aus Vollholz. Leimen Sie eine hohe Leiste aus Vollholz an der Vorderkante des Tabletts an. Als Griff dient ein bogenförmiger Ausschnitt an der Oberkante der Leiste. Beim Verleimen werden die Zwingen an einer breiten Zulage angesetzt.

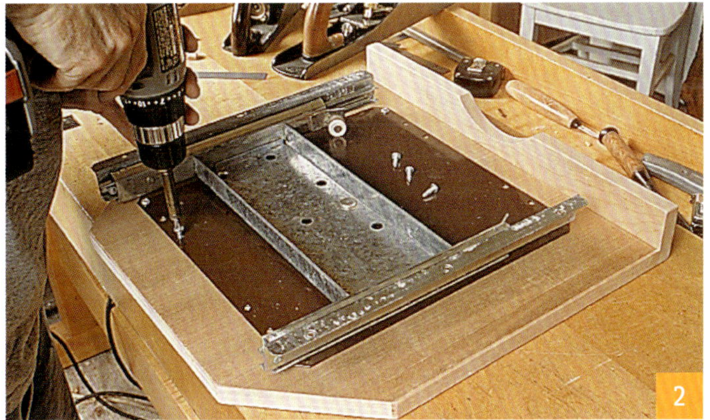

Die Beschläge anbringen. Schrauben Sie den Drehmechanismus an der Unterseite des Tabletts an. Das Tablett muss genau mittig platziert werden, und die Auszüge dürfen beim Drehen nicht an die Holzleiste an der Vorderkante stoßen.

Gewindeschrauben sind besser. Befestigen Sie die Auszüge nicht mit Holzschrauben an dem Regal, das das Gewicht des TVs tragen soll, sondern verwenden Sie dafür Gewindeschrauben.

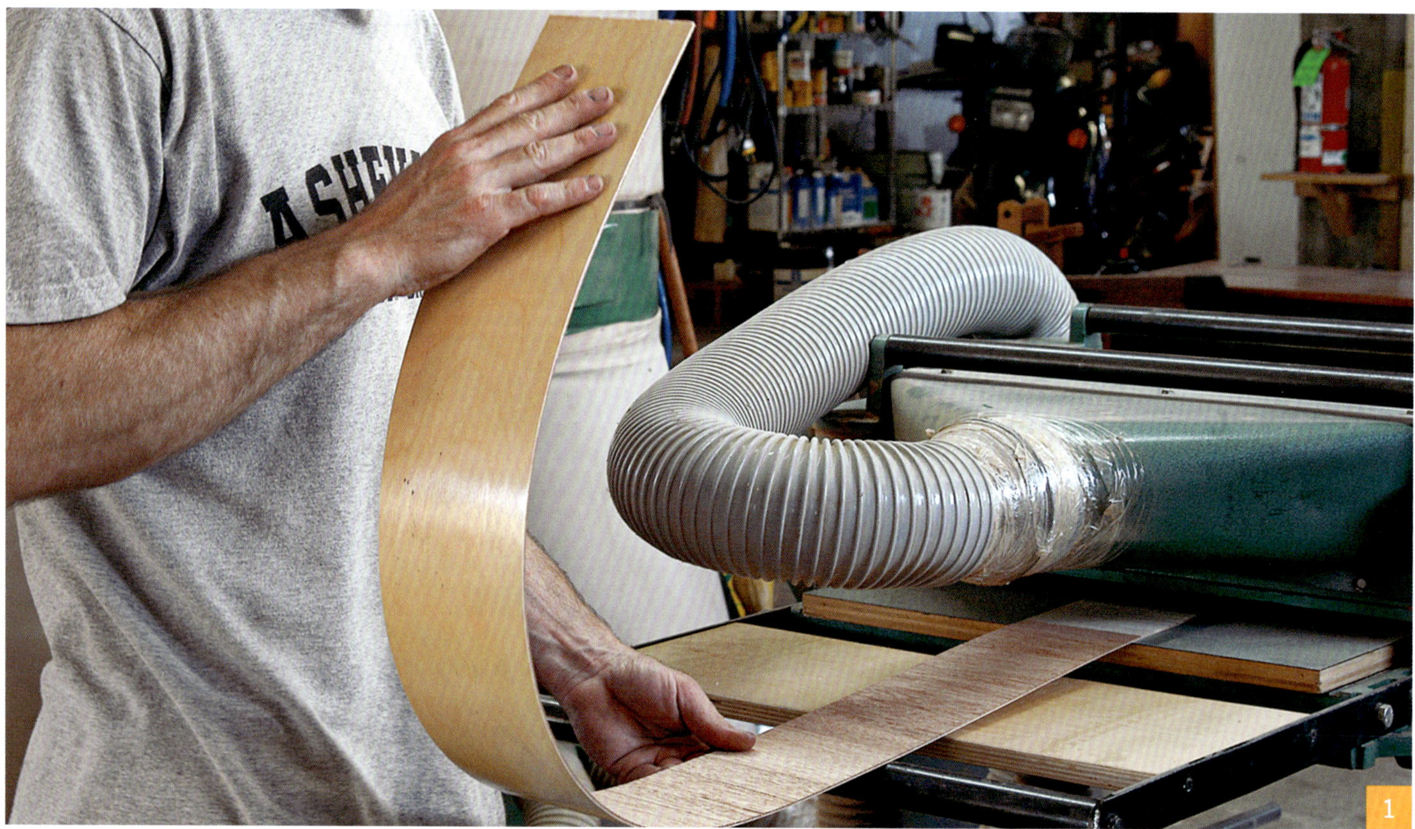

Selbst biegen. Sperrholz lässt sich leichter biegen, wenn man eines der Deckfurniere abhobelt. Legen Sie eine glatte Platte auf das Bett des Dickenhobels, um Riefen und raue Schnitte zu vermeiden.

Helfende Hände. Lassen Sie sich von einem Freund helfen, wenn es daran geht, das Sperrholz am Rand der Platte anzuleimen. Heften Sie das Sperrholz auf der ganzen Länge der Kante und am stumpfen Stoß an. Der Stoß sollte über einer der Konsolen liegen.

Küchenkarussell

Ein Küchenkarussell ist eine gute Inneneinrichtung für einen Schrank, in dem man viele kleine oder mittelgroße Gegenstände wie Gewürzgläser oder Trinkbecher aufbewahren möchte. Kaufen Sie zuerst die Beschläge für den Drehmechanismus, und schneiden Sie dann mit der Bandsäge oder der Handoberfräse eine runde Platte aus 12 mm starkem Sperrholz zu. Stimmen Sie die Maße auf den Schrank ab, in dem das Karussell untergebracht werden soll.

Ich bringe gerne eine Reling aus Holz an der Außenkante des Tabletts an, damit nichts hinunterfällt. Dazu fertige ich zuerst einen biegsamen Umleimer aus 6 mm starkem Sperrholz an.

1. Bringen Sie eine Unterlage aus glattem Sperrholz auf dem Arbeitstisch Ihres Dicktenhobels an, der die Transportrollen abdeckt, und hobeln Sie dann eines der Deckfurniere von einem Sperrholzstreifen ab, um die Innenlagen des Sperrholzes freizulegen. Die Faserrichtung der Innenlagen muss senkrecht zur Kante des Tabletts stehen. 1 Wenn eines der Deckfurniere entfernt worden ist, kann man das Sperrholz zu einem Durchmesser von 250 mm oder noch weniger biegen.

2. Befestigen Sie mit Leim und Drahtstiften vier Sperrholzkonsolen in gleichmäßigem Abstand auf der Innenseite des Sperrholzkreises, sodass sie mit den Kanten des Tabletts fluchten. Bringen Sie jetzt mit Leim und Drahtstiften eine provisorische Lage des biegsamen Sperrholzes an der Kante des Tabletts an, sodass die „gute" Seite nach innen weist. 2
3. Leimen Sie eine zweite Lage des biegsamen Sperrholzes an der ersten an. Verwenden Sie anstatt der Drahtstifte so viele Zwingen, wie sie aufbringen können, und lassen Sie das Deckfurnier nach außen zeigen. 3 Wenn der Leim getrocknet ist, haben Sie eine sehr belastbare Laminierung, die eine widerstandfähige und dauerhafte Reling für das Drehtablett ergibt.
4. Richten Sie das Karussell sorgfältig im Regal aus, schrauben Sie es an, und reißen Sie dann eine Zugangsbohrung für die Schrauben an, mit denen der Drehteller am Tablett angeschraubt wird. 4 Nehmen Sie den Drehteller wieder ab, und bohren Sie an der Markierung ein Loch mit 20 mm Durchmesser durch das Regalbrett.
5. Bringen Sie den Drehteller wieder am Regalbrett an, legen Sie das Brett kopfüber auf die Werkbank, sodass das Tablett mittig darunter liegt, und drehen Sie durch die Zugangsbohrung hindurch Schrauben durch den Drehteller bis in das Tablett. Um die einzelnen Bohrungen im Drehteller zu finden, drehen Sie einfach das Regalbrett um das Tablett. 5 Wenn Sie alle Schrauben eingedreht haben, können Sie in einem letzten Schritt das Küchenkarussell in seinem Schrank einbauen. 6

Keine Nägel, nur viele Zwingen. Spannen Sie eine zweite Lage Sperrholz an der ersten an. Verteilen Sie den Pressdruck, indem Sie eine zusätzliche Lage Sperrholz auf die zweite legen.

Anschrauben und anreißen. Legen Sie das Karussell mittig auf das Regalbrett, und reißen Sie durch den Drehteller hindurch eine Zugangsbohrung an, um den Drehteller am Tablett anschrauben zu können.

Von unten schrauben. Befestigen Sie das Karussell am Regalbrett, indem S ie durch die Zugangsbohrung Schrauben eindrehen. Legen Sie dazu das Werkstück auf den Kopf, und drehen Sie das Karussell, um nacheinander die Schraubenlöcher erreichen zu können.

Mal drehen lassen... Wenn die Beschläge am Regalbrett befestigt sind, ist das Karussell einsatzbereit, und das Ganze kann im Schrank installiert werden.

In sich selbst geteilt. Die lichten Innenmaße der Schubladen in diesem Mediencenter sind sorgfältig auf die Gegenstände abgestimmt, die in ihnen aufbewahrt werden sollen, hier zum Beispiel mehrere Reihen von Videokassetten.

Schubladenunterteilungen

Die Nützlichkeit einer Schublade kann immens erhöht werden, wenn man bei ihrem Bau bedenkt, was in ihr aufbewahrt werden soll. In manchen Fällen kann man schon viel erreichen, wenn man eine Schublade, die bestimmte Gegenstände aufnehmen soll, genau auf deren Abmessungen abstimmt, etwa bei DVDs oder CDs. Andererseits gibt es viele Möglichkeiten, das Innere eine Schublade zu unterteilen, wenn das notwendig ist. Unter anderem kann man Trennwände und Fächer in verschiedenen Formen gestalten, um kleine oder große Gegenstände geordnet unterzubringen.

Flache Schreibtischschubladen profitieren immer davon, wenn sie Platz für Stifte und andere kleine Büroutensilien bieten. Eine klassische Schublade für Schreibgeräte kann man schon herstellen, indem man im vorderen Teil einer Schublade mit Leim oder Nägeln eine Holzplatte befestigt, in die man zuvor an der Tischfräse oder Tischkreissäge eine breite, flache Hohlkehle eingeschnitten hat.

Ein anderer Ansatz, der bei großen Schubladen gut funktioniert, ist eine mit Bohrlöchern versehenen Bodenplatte, die man in die Schublade einlegt oder -schraubt, und dann mit Rundstangen ausstattet, die genau in die Bohrlöcher passen. Die Idee ähnelt den Drahtkörben, die man in Geschirrspülautomaten findet. Die Rundstangen können je nach Bedarf in andere Bohrlöcher eingesteckt

Eine große Auskehlung hält Kleinkram. Die breite Hohlkehle, die in ein Stück Kirschholz geschnitten wurde, ist ein praktischer Aufbewahrungsort für Stifte und andere Dinge, die man am Schreibtisch braucht.

Rundstangen als Halterungen. Dicke Rundstangen werden an einem Ende mit 6-mm-Dübeln versehen, die in Löcher gleichen Durchmessers gesteckt werden, die man in einem Raster in eine 20 mm starke Sperrholzplatte gebohrt hat. Die Sperrholzplatte wird wiederum am Boden der Schublade angeschraubt.

Erst messen, dann anheften.
Befestigen Sie mit Leim und Drahtstiften 6 mm starke Holzleisten an einander gegenüberliegenden Schubladenseiten. Stellen Sie mit einem Kombiwinkel sicher, dass die beiden Leisten parallel verlaufen.

Eine Schublade in der Schublade.
Bauen Sie eine kleine Schublade, die auf den Leisten läuft. Die kleine Schublade sollte höchstens halb so lang sein wie die größere, damit man auf den gesamten Inhalt leichten Zugriff hat.

werden, um großer oder unregelmäßig geformte Gegenstände zu halten, wie man sie zum Beispiel oft bei Küchengeräten und -werkzeugen findet.

Schublade in einer Schublade

Falls eine Schublade groß und hoch genug ist, kann man eine zweite, kleinere Schublade hinzufügen, die sich in der großen verschieben lässt. Allerdings muss man dabei bedacht vorgehen: Die kleine Schublade sollte nicht mehr als die Hälfte der Länge der großen einnehmen, weil man sonst Probleme beim Zugriff auf den Inhalt bekommt.

1. Bringen Sie mit Leim und Nägeln Holzstreifen an den Innenflächen der Seitenstücke der großen Schublade an. 1
2. Bauen Sie einen Kasten mit entsprechenden Maßen, das heißt, geringfügig schmaler als die Breite der großen Schublade und höchstens halb so lang wie diese. 2

Eine Schublade unterteilen

Keine Sammlung von Schubladen wäre vollständig ohne die traditionellen Unterteilungen aus Holz, also dünnen Holzstreifen, mit denen das Innere einer Schublade in einzelne Fächer aufgeteilt wird, um alle möglichen kleine Gegenstände zu sortieren und zu organisieren. Man findet zwar in den einschlägigen Katalogen

Eine Nut führt zur anderen. Bringen Sie zuerst ein Sperrholzfutter an den Innenseiten der Schublade an. Schneiden Sie dann Nuten in das Futter, in die man die Unterteilungen einstecken kann. Bringen Sie eine Unterteilung in zwei Nuten an, und reißen Sie dann anhand seiner Position die weiteren Nuten an.

Zusätzliche Nuten sorgen für Vielseitigkeit. Wenn Sie zusätzliche Nuten schneiden, kann die Aufteilung der Schublade verändert werden, ohne die Trennwände neu bearbeiten zu müssen.

hochwertige Unterteilungen aus Metall und Kunststoff, es ist aber auch sehr leicht, selbst welche herzustellen. Dieses System funktioniert am besten bei relativ flachen Schubladen, deren Höhe etwa 150 mm oder weniger beträgt.

Als Material für die Unterteilungen eignet sich hochwertiges Sperrholz in einer Stärke von 6 mm.

1. Schneiden Sie zuerst Sperrholzstreifen zu, die genau in das Innere der Schublade passen. Verbinden Sie die Ecken mit Fälzen.
2. Unterteilen Sie die Schublade, indem Sie Nuten in diese Außenstreifen schneiden, eine Unterteilung in die Nuten stecken, und dann anreißen, wo weitere Nuten geschnitten werden müssen, um zusätzliche Fächer zu schaffen. 1 Die Nuten sollten relativ flach sein. Bei 6 mm starkem Sperrholzstreifen ist eine Tiefe von etwa 1,5 mm richtig. Dadurch wird das Sperrholz nicht geschwächt, was wichtig ist, da die Verbindung nicht geleimt wird.
3. Wenn Sie die Nuten sorgfältig geschnitten haben, sollten sich die Unterteilungen ineinanderstecken lassen und ohne Leim durch Presspassung an Ort an Stelle bleiben. Diese Methode macht die Konstruktion einfacher, und bietet noch einen weiteren Vorteil: Wenn man später einmal eine andere Anordnung von Fächern in der Schublade benötigt, kann man die Unterteilungen herausnehmen, neue Nuten schneiden und zusätzliche Trennwände aus Sperrholz zusägen. Noch flexibler wird die Einteilung, wenn man von vorneherein mehr Nuten schneidet, als benötigt werden, sodass man die Anordnung der Fächer jederzeit nach Bedarf ändern kann. 2

Schubladen auslegen

Manche Schubladen dienen der Aufbewahrung empfindlicher oder wertvoller Gegenstände. Leider sind die unnachgiebigen hölzernen Bestandteile einer typischen Schublade nicht besonders geeignet, Wertgegenstände zu schützen. Um das Innere einer Schublade weicher und nachgiebiger zu gestalten, kann man es mit Filz auslegen. Filz bekommt man in Handel in einer Vielfalt von Farben, und er lässt sich leicht an den Innenseiten einer Schublade anbringen.

1. Messen Sie zuerst das Innere der Schublade aus, und schneiden Sie dann Pappe oder Karton mit leichtem Untermaß zu.
2. Schneiden Sie jedes Filzstück ringsum etwa 25 mm breiter zu als den Karton, und schneiden Sie dann die Ecken in einem Winkel von etwa 45 Grad ab, sodass der Filz etwas über die Ecken des Kartons hinausragt.
3. Legen Sie den Karton auf den Filz, und sprühen Sie eine dünne Schicht Kontaktkleber auf die Kanten des Kartons und den über-

Auf Gehrung schneiden und die Kanten falten. Schneiden Sie die Ecken des Filzes auf Gehrung, legen Sie den Karton darauf, und besprühen Sie den Filz und die Kanten des Kartons mit Kontaktklebstoff. Legen Sie dann den Filz um die Kanten des Kartons, und drücken Sie ihn an.

stehenden Filz. Falten Sie dann die Filzränder auf den Karton, und glätten Sie die Verbindungen mit der Hand. 1 2

4. Geben Sie etwas Leim auf die Rückseite jedes Auslegestücks, und spannen Sie diese dann in der Schublade an. 3 Wenn der Leim trocken ist, können Sie die Zwingen abnehmen und die Schublade mit Ihren Lieblingsdingen füllen.

Kontureinlagen für Schubladen

Kontureinlagen für Schubladen, Kisten, Schatullen oder Truhen werden traditionell seit Jahrhunderten angefertigt, um Schusswaffen, Sammlerstücke und andere wertvolle Gegenstände aufzubewahren. Auch heute ist es noch ein großartiges Verfahren, um die Schätze der Moderne aufzunehmen.

Hier wird zwar gezeigt, wie man Gegenstände in Aussparungen einer Holzplatte schützt, aber traditionell wurde das Innere einer solchen Schublade zusätzlich noch üppig mit Leder oder Samt ausgelegt, was es noch stilvoller machte und noch mehr Schutz bot. Sie können sich gerne daran versuchen, aber die Arbeit ist mühselig. Als Alternative bietet sich an, Filz in die Aussparungen zu kleben. Oder man sprüht im Inneren eine Schicht Beflockung auf, wie sie im Bastelbedarf leicht zu beziehen ist.

1. Schneiden Sie eine 12 mm starke Sperrholzplatte auf das Innenmaß Ihrer Schublade zu.
2. Legen Sie den zukünftigen Inhalt der Schublade in der gewünschten Anordnung auf das Sperrholz. Übertragen Sie den Umriss der Gegenstände mit einem Bleistift auf das Holz, und fügen Sie Halbkreise hinzu, in die man hineingreift, um den Gegenstand zu entnehmen. 1 Sie können diese Halbkreise zuerst grob vorzeichnen und dann mit einem Zirkel oder einem kleinen runden Behälter wie einer Filmdose als Schablone exakter anreißen.

Leim angeben und einspannen. Geben Sie etwas normalen Tischlerleim an die Rückseite jeder Kartonplatte, und spannen Sie sie dann an den Seiten der Schublade an. Eine Zulage aus Holz verteilt den Druck gleichmäßig.

Anordnen und Umrisse übertragen. Ordnen Sie die Gegenstände so an, wie sie es haben möchten, und übertragen Sie dann die Umrisse mit dem Bleistift auf das Sperrholz. Sehen Sie halbkreisförmige Grifflöcher vor, um die Gegenstände erfassen zu können.

3. Schneiden Sie die Formen einschließlich der Grifflöcher mit der Dekupiersäge aus. 2 Man kann in jede Aussparung ein Loch in die Platte bohren, um das Sägeblatt einzufädeln und dann den Umriss auszusägen, aber das ist in diesem Fall nicht wirklich notwendig. Ich ziehe eine effizientere Methode vor: Ich säge von einer Kante her in die Platte, und wenn ich den ersten Umriss ausgesägt habe, säge eine gerade Linie zum nächsten Umriss, und so weiter. Wenn man das Sägeblatt durch den Zugangsschnitt wieder herausführt, bleibt die Sperrholzplatte intakt. Die Sägefuge eines Dekupiersägeblatts ist so fein, dass man sich meist nicht einmal die Mühe machen muss, sie wieder zusammenzuleimen.
4. Rüsten Sie die Handoberfräse oder den Handoberfräsentisch mit einem Fasefräser auf, und schneiden Sie an die gesägten Kanten eine Fase an. Eventuell müssen Sie einige Stellen mit der Raspel oder Feile nacharbeiten, um spitze Winkel und Übergänge präzise und ansehnlich zu gestalten.
5. Schleifen Sie die Sperrholzplatte, tragen Sie ein Oberflächenmittel auf, legen Sie sie auf den Boden der Schublade, und bestücken Sie sie mit Ihren Beutestücken. 3

Ein dünnes Sägeblatt hinterlässt kaum Spuren. Schneiden Sie die einzelnen Umrisse mit der Dekupiersäge aus. Führen Sie das Sägeblatt am Ende wieder durch den Zugangsschnitt aus der Platte heraus.

In Holz eingebettet. Fasen Sie die Kanten der Sägekanten mit einem Fasefräser an, um einen gefälligeren Eindruck zu erreichen und besser in die Eingrifflöcher greifen zu können.

Kapitel 5

Die Gestaltung der Tür

Die Türen sind das, was wir sehen, wenn wir einen Schrank betrachten. Wegen ihrer relativ großen Fläche sind sie der auffälligste Bestandteil vieler Korpusmöbel. Wenn Sie das bei der Gestaltung berücksichtigen, werden Ihre Türen einen bleibenden Eindruck hinterlassen. Wie Schubladen müssen auch Türen richtig funktionieren, nicht nur gut aussehen. Eine Tür sollte sich flüssig und leicht öffnen und schließen lassen. Klemmende Türen, quietschende Scharniere und schlecht funktionierende Verschlüsse sind nicht hinnehmbar. Eine gut gebaute Tür lässt sich mit wenig Widerstand öffnen, geräusch- und problemlos schließen, und weist einen Griff auf, der angenehm in der Hand liegt.

Dieser Teil des Buches wird Ihnen helfen, solche Türen zu bauen – und hält noch einiges mehr bereit. Entscheiden Sie sich zuerst für den Türentyp, den Sie bauen möchten: aufschlagend, überfälzt oder einschlagend. Dann geht es bei der Gestaltung darum, das Arbeiten des Holzes zu berücksichtigen, die passenden Verbindungen auszuwählen, die Bestandteile angemessen zu proportionieren, das richtige Holz auszuwählen, die Scharniere zu kaufen und anzubringen, und schließlich die Oberfläche ansprechend zu behandeln. Öffnen wir also das Tor zur Welt der Türen, und werfen wir einen Blick hinein!

Türentypen

Wie bei Schubladen gibt es auch bei Türen (siehe Kapitel 1) drei Haupttypen: aufschlagend, überfälzt und einschlagend. Jeder dieser Typen lässt die Vorderseite eines Möbelstücks anders aussehen und wirken, jeder hat auch seine Vor- und Nachteile.

Aufschlagende Türen sieht man häufig in modernen Küchen, wo sie zusammen mit aufschlagenden Schubladenvorderstücken fast die gesamte Front der Küchenschränke verdecken. Das wirkt nahtlos und elegant. Dieser Stil ist aber auch für traditionelle Möbel eine gute Wahl, wie man im Foto rechts sehen kann. Das Einpassen solcher Türen erfordert etwas Erfahrung, da die Fugen zwischen benachbarten Türen oder Schubladen gleichmäßig sein müssen und oft nur 3 mm oder weniger betragen.

Überfälzte Türen findet man vor allem bei Schränken, die mit einem vorderen Blendrahmen konstruiert sind. Die Türen stehen etwas über die Möbelfront hinaus, während die gefälzten Kanten dafür sorgen, dass sie in der Öffnung an der Korpusvorderseite sitzen. Wie die entsprechenden Schubladen ist dieser Türentyp meist einfacher einzupassen, da die Fuge zwischen der Tür und der Korpusöffnung meist nicht sichtbar ist und der Abstand zwi-

Glatt und fugenlos. Aufschlagende Türen passen gleichermaßen gut zu modernen Schränken wie zu traditionellen Möbeln. Die Vorderseite des Korpus ist hinter ihnen nicht zu sehen. Flügeltüren schließen bündig mit den Korpusseiten ab und werden durch eine schmale Fuge voneinander getrennt.

Türtypen

Aufschlagend

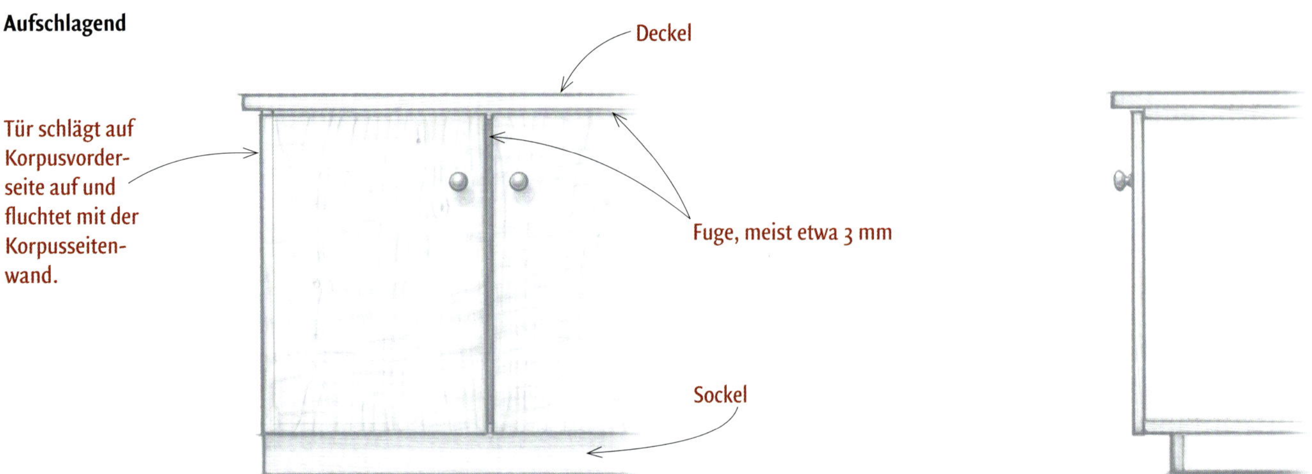

Gefälzt

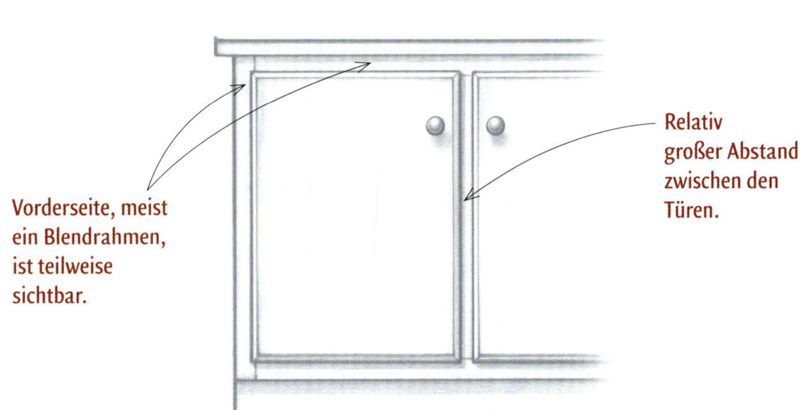

Einschlagend

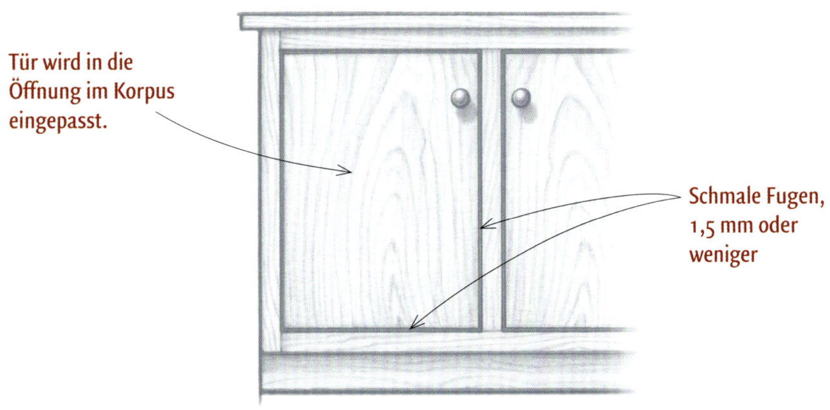

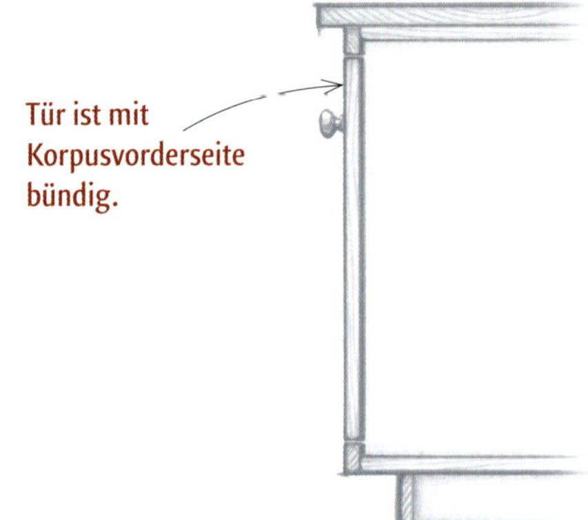

Einfälzen. Gefälzte Türen werden oft an den Kanten profiliert. Diese liegen auf der Korpusvorderseite auf, während ein Teil der Tür in den Korpus einschlägt.

Schmale Fugen sind Präzisionsarbeit. Einschlagende Türen liegen in der Korpusöffnung. Beim Einpassen muss man sorgfältiger arbeiten, das Ergebnis sieht aber professioneller aus.

schen benachbarten Türen und Schubladen relativ groß ist. Ein Teil des Korpus oder des Blendrahmens bleibt bei dieser Art von Türen sichtbar, man muss also beim Entwurf des Möbelstücks die Wirkung bedenken, die man erzielen möchte.

Clever arbeiten

Um das Einpassen von einschlagenden Türen zu vereinfachen, kann man sie leicht im Korpus zurücksetzen, sodass der Schattenwurf gegebenenfalls Unregelmäßigkeiten der Fugen verbirgt. Ein Beispiel mit einschlagenden Schubladen findet sich auf Seite 77.

Einschlagende Türen erfordern beim Einpassen größere Aufmerksamkeit, da die Türen in der Öffnung der Möbelvorderseite sitzen und mit dieser fluchten müssen. Das sieht nur gut aus, wenn die Fugen zwischen den Türen und der Korpusvorderseite sehr schmal sind – oft nur 1,5 mm oder weniger – und die Türfläche genau mit dem umliegenden Holz fluchtet. Einschlagende Türen erfordern größere handwerkliche Fähigkeiten, sind aber andererseits leichter einzupassen als einschlagende Schubladen, weil man sich nicht mit den aufwendigen Passungsarbeiten tief im Inneren des Möbels abmühen muss. Das Aussehen und die Wirkung einer gut gearbeiteten und richtig eingepassten einschlagenden Tür ist sehr befriedigend – und steht jedem hochwertigen Möbel gut zu Gesicht.

Anatomie einer Tür

Eine typische Möbeltür wird als Rahmen-und-Füllungskonstruktion gebaut, bei der ein schmaler äußerer Rahmen eine breite Füllung umgibt und hät. (siehe Zeichnung unten; Türen in Plattenbauweise erörtere ich in Kapitel 6)

Die senkrechten Rahmenteile werden Längsfriese genannt, die waagerechten bezeichnet man als Querfriese. An den Ecken können die Friese mit unterschiedlichen Verbindungen zusammengefügt werden, die ich in Kapitel 5 vorstelle. Meist laufen die Längsfriese über die ganze Höhe und werden geschlitzt, um Zapfen aufzunehmen, die man in die Querfriese schneidet. Diese Anordnung kann man aber auch aus ästhetischen Gründen oder in manchen Fällen um der Stabilität willen umdrehen. So können bei paarweise in einem Möbel angeordneten Türen Querfriese, die jeweils über die gesamte Breite einer Tür laufen, die Zusammengehörigkeit optisch betonen, vor allem, wenn die Maserung von einem Querfries zu seinem Nachbarn fortläuft. Es kann auch angebracht sein, die Querfries über die gesamte Breite der Tür laufen zu las-

Aus einem Guss. Bei Flügeltüren kann man die Querfriese über die Längsfriese hinauslaufen lassen, um ein einheitliches Aussehen zu erzielen. Benachbarte Querfriese werden dann aus einem langen Brett geschnitten, sodass die Maserung von einer Tür in die benachbarte fortläuft.

Anatomie einer Tür

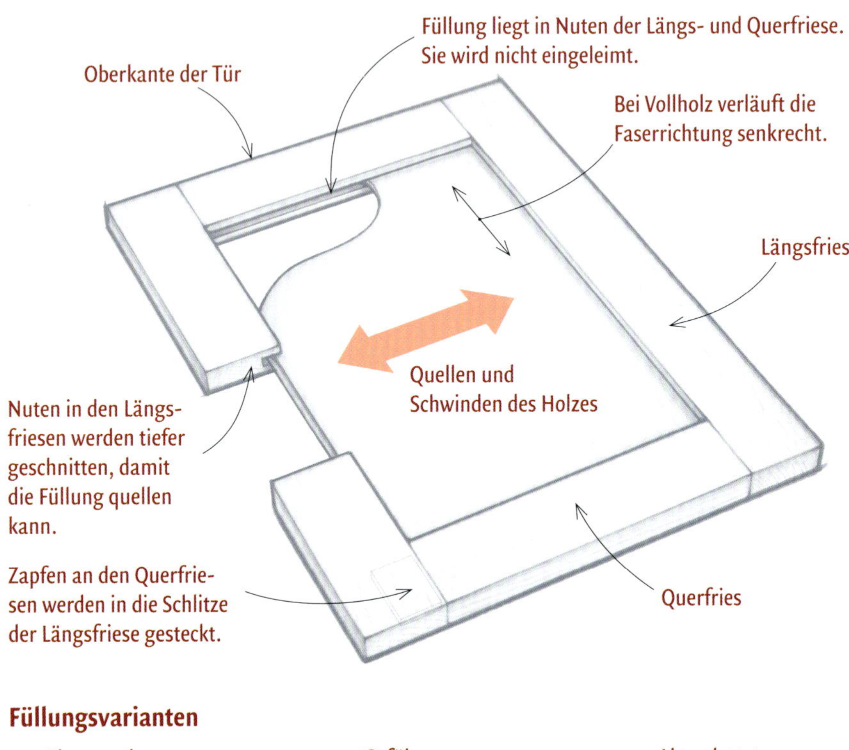

Füllungsvarianten

Eingesteckt

Gefälzt

Abgeplattet

Nut, meist etwa 6 x 12 mm

Längsholz ist belastbarer. Wenn man die Querfriese über die gesamte Breite der Tür laufen lässt, kann man die Befestigungsschrauben für ein Zapfenband in Längsholz eindrehen. Andernfalls würden die Schrauben in das Hirnholz der Längsfriese greifen, was eine schwächere Verbindung darstellt.

Das Arbeiten des Holzes berechnen

Da Holz in Faserrichtung kaum quillt und schwindet, kann man eine Füllung aus Vollholz passend in die Nuten der Querfriese einsetzen. In der Breite muss allerdings das Arbeiten aufgrund schwankender Luftfeuchtigkeit berücksichtigt werden. Im Allgemeinen beträgt das Schwindmaß bei den geläufigen Möbelhölzern in der Breite zwischen 0,3% und 0,4% pro 1% Veränderung des Feuchtigkeitsgehalts. Der genaue Wert hängt von der Holzart, dem Zuschnitt und der Herkunft des Holzes ab. Entsprechende Tabellen finden sich im Internet.

Um die Breite der Füllung zu berechnen, schneidet man zuerst die Nuten und Verbindungen an den Friesen an, und steckt den Rahmen trocken zusammen. Dann misst man die lichte Weite der Rahmenöffnung, addiert die Tiefe der Nuten und subtrahiert das zu erwartende Quellmaß. Falls man während der eher feuchten Sommerzeit ein Möbel baut, kann die Füllung etwas enger sitzen, da sie eher schwinden als quellen wird. Bei winterlicher Arbeit sollte man eher mit Quellen als mit Schwinden rechnen.

Wenn man zum Beispiel im Januar in einer beheizten Werkstatt ein Möbelstück baut, ergibt sich folgende Situation: Die Tür weist eine 300 mm breite Rahmenöffnung auf, die Längsfriese sind jeweils 12,5 mm tief

Lücken sind gut. Eine Lücke zwischen dem Grund der Nuten in den Friesen und den Längsholzkanten der Füllung stellt sicher, dass die Füllung in der Breite quellen kann, ohne den Rahmen auseinander zu drücken.

Schmaler schneiden. Nachdem die Füllung auf das lichte Innenmaß des Rahmens zuzüglich der Tiefe der Nuten geschnitten worden ist, nimmt man von jeder Längsholzkante etwa 3 mm ab.

genutet. Das ergibt ein Gesamtmaß von 325 mm Da es die trockenste Jahreszeit ist, müssen Sie vom größtmöglichen Quellen ausgehen. Deshalb sollten Sie sicherheitshalber etwa 6 mm vom Breitenmaß abziehen, die Füllung also höchstens 319 mm breit schneiden. Etwas schmaler darf es ruhig auch sein.

Falls die Rechnerei sich kompliziert anhört, kann man es sich auch etwas leichter machen. Bei meinen Arbeiten verwende ich mit Erfolg die folgende Methode für alle Türen durchschnittlicher Größe, die ich im Verlauf der verschiedenen Jahreszeiten baue: Ich stecke den Rahmen trocken zusammen, messe die Öffnung aus, addiere die Gesamttiefe der Nuten, und schneide die Füllung auf dieses Maß zu.

Dann nehme ich einfach insgesamt etwa 6 mm von der Gesamtbreite ab, indem ich von jeder Längsholzkante 3 mm Holz abschneide. Das kann man an der Tischkreissäge oder an der Abrichthobelmaschine erledigen. (Hinweis: Falls die Füllung gefälzte werden soll, schneidet man die Fälze erst an, nachdem man die Füllung auf diese Weise zugeschnitten hat.) Nach dem Zusammenbau der Tür sollte zwischen der Kante der Füllung und dem Nutgrund in den Friesen noch ausreichend Freiraum verbleiben.

sen, um Schrauben für Beschläge wie Zapfenbänder besseren Halt zu bieten, die andernfalls in das Hirnholz der Längsfriese eingedreht werden müssten.

In die Quer- und Längsfriese wird eine Füllung eingelegt, meist in eine 12 mm tiefe Nut, die man in die Friese eingeschnitten hat. Es gibt jedoch auch viele Fräsersätze für den Bau von Möbeltüren, die Nuten mit 8 mm oder 10 mm Tiefe schneiden. Die Füllungen können mit dem Rahmen fluchten, gefälzt oder erhoben sein und entweder mit einer einfachen Abplattung oder einer Abplattung mit Steg gearbeitet sein. Und es bleibt Ihnen überlassen, ob Sie die Füllung mit der abgeplatteten oder gefälzten Seite nach außen oder nach innen in den Rahmen einlegen.

Als Material für die Füllungen eignet sich Vollholz oder Sperrholz, darauf komme ich später zurück. Meist läuft die Maserung der Füllungen senkrecht von oben nach unten, man kann sie aber auch waagerecht über die Fläche der Tür anordnen, falls man eine andere Wirkung anstrebt. Bei Füllungen aus Vollholz muss man bei der Bemessung das Arbeiten des Holzes quer zum Faserverlauf berücksichtigen, Näheres dazu findet sich im Kastentext auf der gegenüberliegenden Seite.

Wechselfälze. Die Fuge zwischen zwei Flügeltüren wird geschlossen, indem man passende Fälze an die Kanten der Längsfriese anschneidet. Die Falztiefe beträgt die Hälfte der Materialstärke der Tür, damit die Türen in geschlossenem Zustand bündig liegen.

Zweiflügelige Türen

Flügeltüren sind häufige Bestandteile von Möbelstücken, da sie wegen ihrer größeren Öffnung einfacheren Zugang zum Inneren eines Korpus ermöglichen. Man kann sie genauso bauen und einhängen wie eine einzelne Tür und zwischen den beiden Türen einfach eine schmale Fuge lassen. Ordentlicher sieht es jedoch aus, wenn man die Türen so gestaltet, dass übereinander schließen. Zudem dringt so weniger Staub in das Innere des Möbels ein. Es gibt zwei Ansätze, aber bei beiden muss man zuerst entscheiden, welcher Flügel zuerst geöffnet werden soll, da der zweite so lange gefangen ist, bis man den ersten öffnet.

Am saubersten ist es, wenn man die Kanten beider Flügel fälzt, sodass sie übereinanderschlagen. Dabei muss man berücksichtigen, dass das innere Längsfries des Standflügels etwas breiter sein muss, weil es den Gangflügel um die Breite des Falzes überragen muss. Bei den meisten Möbeltüren reicht ein Falz von etwa

Mit einer Leiste verschließen. Eine Schlagleiste, die man innen oder außen an der Tür anbringt, verhindert effektiv das Eindringen von Staub in das Möbelstück. Die Leiste muss kürzer geschnitten werden, falls sie sonst oben oder unten am Korpus anschlagen würden.

Clever arbeiten

Bei Flügeltüren, die übereinander schlagen, wird meist die rechte Tür zuerst geöffnet. So ist es nun einmal: Wir leben in einer Welt, die auf Rechtshänder ausgerichtet ist.

6 mm Breite. Ähhh... Sie haben vergessen, dass ein Längsfries beim Zuschneiden breiter zu lassen? (Ich meine ja nur...) Kein Problem. Bringen Sie einfach nachträglich mit Leim und Drahtstiften eine Leiste an.

Einfacher ist es, eine Schlagleiste zu verwenden, also eine Holzleiste, die entweder auf die Vorderseite des Gangflügels geleimt oder an der Rückseite des Standflügels angebracht wird. Wenn man die Schlagleiste an der Vorderseite anbringt, wird sie zu einem Gestaltungselement der Tür, in diesem Fall ist es also angebracht, die Kanten anzufasen oder mit der Handoberfräse zu profilieren. Wenn Sie sich für die versteckte Lösung an der Rückseite der Türflügel entscheiden, muss die Leiste so kurz zugeschnitten werden, dass sie nicht an Bauteile des Möbels wie Boden oder Deckel anstößt.

Die Proportionen einer Tür

Da die Tür einer der augenfälligsten Bauteile eines Möbelstücks ist, muss man ihren Proportionen besondere Aufmerksamkeit widmen, damit sie in sich harmonisch sind, aber auch zu den Schubladen und anderen Korpusteilen passen. Wenn Sie sich über die Gesamtgröße des Möbels und die Art der Tür klar geworden sind, die Sie einbauen möchten, greifen Sie zu Papier und Stift und skizzieren unterschiedlich große Türen, die in den Korpus passen. Arbeiten Sie auf eine Anordnung hin, die Sie optisch ansprechend finden.

Häufige Anfängerfehler sind Türen und Türöffnungen im Korpus, die zu hoch oder – noch verbreiteter – zu breit sind. Breite Türen öffnen sich langsamer und erfordern mehr Raum vor dem Möbel. Außerdem belasten sie die Scharniere übermäßig. Bei hohen Türen ist es ähnlich, und wenn sie zudem noch schmal sind, öffnen sie sich ruckweise und unerwartet schnell. Kleine oder schmale Türen erschweren den Zugang zum Möbelinneren hinter ihnen. Unterteilen Sie die Öffnungen in Ihrem Möbelkorpus möglichst in vernünftige Abschnitte, und bauen Sie dazu passende Türen.

Schlanke Mitte. Der Möbelbauer Gary van Rawlins gibt diesen Türen aus Wenge und Tulpenbaum größere Ausgewogenheit, indem er in der Mitte, wo sie aufeinander treffen, die Längsfriese schmaler gestaltet.

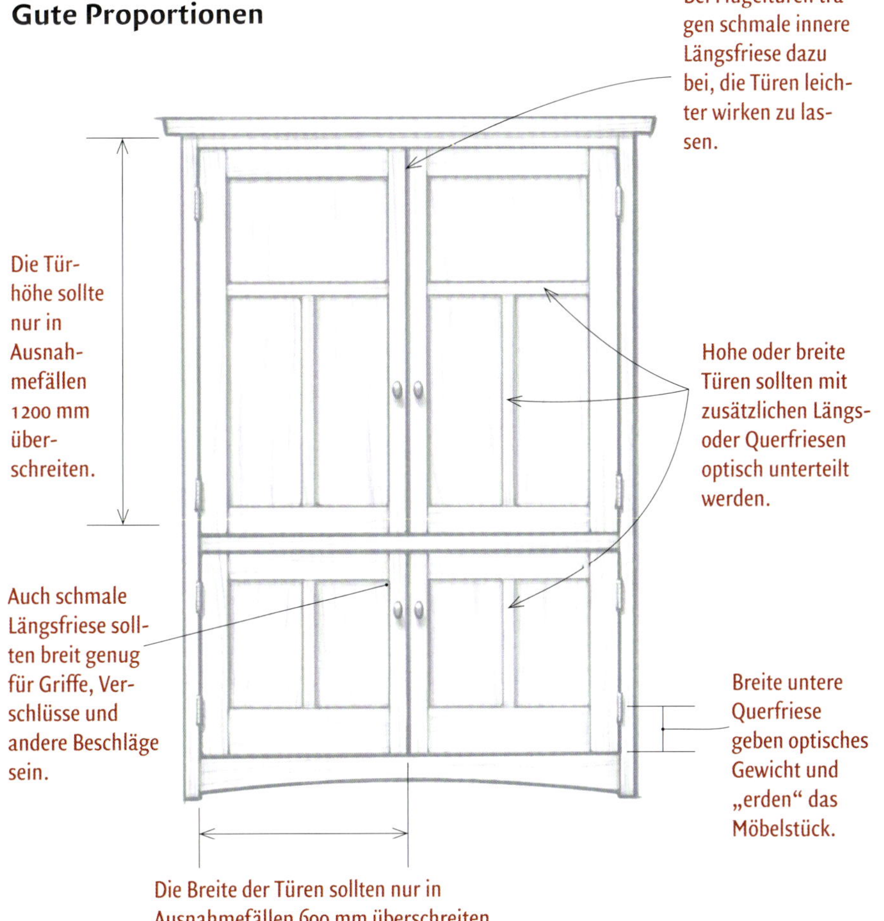

Einige gute Faustregeln lauten: Die Breite einer Tür sollte höchstens 600 mm betragen, und ihre Höhe sollte nur in Ausnahmen mehr als 1200 mm sein. Bei Drehtüren (also im Gegensatz zu Schiebetüren) sollte die Breite nicht größer sein als die Höhe. Wenn man einen Korpus mit einer besonders großen Öffnung benötigt, sollte man sie mit Flügeltüren verschließen oder eine Tür über der anderen anordnen. Wenn es sich nicht vermeiden lässt, eine Tür mit Überbreite oder -höhe zu bauen, sollte man wenigstens in Betracht ziehen, den Rahmen durch zusätzliche Längs- oder Querfriese zu unterteilen und mehrere Füllungen einzubauen. Die angestrebten Ziele sind Harmonie, Ausgewogenheit und eine gegliederte Gestaltung. In diesem Fall ist größer nicht besser, vor allem weil eine sehr breite Füllung so sehr schwinden kann, dass sie vollkommen aus den Nuten der Fries herausfällt.

Bei den Abmessungen der Türbestandteile sollten Sie auch die Breite der Friese bedenken. Normalerweise werden Längs- und Querfriese gleich breit gestaltet, und das ist auch vollkommen annehmbar. Gebräuchlich sind Breiten von 60 bis 75 mm, sodass man ausreichend Platz hat, Scharniere einzustemmen und Griffe, Verschlüsse und andere Beschläge anzubringen. Man kann aber auch für Abwechslung sorgen, indem man bei einer Tür mit unterschiedlich breiten Friesen arbeitet. So kann man zum Beispiel das untere Querfries etwas breiter machen, vielleicht um 25 mm. Dieses breitere Querfries an der Unterkante der Tür verleiht ihr größeres optisches Gewicht, was besonders gut wirkt, wenn sich die Tür unter Augenhöhe befindet, etwa bei einem Küchenunterschrank.

Denken Sie immer vom Endergebnis her: Wie sieht das Möbelstück aus, wenn die Türen an Ort und Stelle sind. Falls die Seitenwände ein wichtiges optisches Element an der Vorderseite des Möbels bilden, kann man die äußeren Längsfriese schmaler machen, um sie mit den Korpusseitenwänden eine Einheit bilden zu lassen. Ähnliches gilt bei Flügeltüren, bei denen man die inneren Längsfriese vielleicht schmaler gestalten möchte, damit die Stelle, an der die Flügel aufeinandertreffen, nicht optisches Übergewicht gewinnt. Eine Tür zu entwerfen, kann viel Spaß machen. Wagen Sie also den Sprung, und probieren Sie einmal etwas Neues.

Material für den Türenbau

Türen sind die Visitenkarte eines Möbelstücks. Grund genug, das Material für sie sorgfältig auszuwählen. Aber es steht noch mehr auf dem Spiel. Die Wahl des richtigen Holzes trägt dazu bei, dass Ihre Türen den täglichen Belastungen und der Abnutzung standhalten und mit etwas Glück Generationen treue Dienste leisten. Holzwerkstoffplatten wie Sperrholz und MDF sind hervorragend für den Türenbau geeignet, vor allem wenn man Türen in Plattenbauweise bauen möchte oder Material für die Füllungen einer Tür ein Rahmenbauweise sucht. Für die Friese der Rahmen ist fehlerfreies, gradfaseriges Laubholz im Allgemeinen die beste Wahl.

Vollholz

Ob Sie eine Tür bauen möchten, die in gesamter Breite aus einer Platte besteht, oder eine Konstruktion aus Rahmen und Füllung, es gilt das Gleiche: Türen aus Vollholz strahlen etwas Authentisches aus.

Wenn Sie Türen in Rahmen-und-Füllungsbauweise herstellen wollen, denken Sie daran, dass es der Rahmen ist, der dafür sorgt, dass die Tür eben bleibt, weil er die Füllungen daran hindert, sich zu werfen. Richten Sie das Material für den Rahmen auf eine Stärke von 20 bis 25 mm ab, und schneiden Sie die Friese relativ schmal – etwa 100 mm oder weniger –, damit das Arbeiten des Holzes auf ein Minimum reduziert wird. Verwenden Sie fehlerfreies Holz, möglichst solches mit stehenden Jahresringen. Es gibt einen schö-

Stehende Jahresringe aus Seitenbrettern schneiden. Wenn man schmalere Bretter von den Kanten eines breiteren Seitenbretts sägt, haben diese stehende Jahresringe und sind somit dimensionsstabiler.

Breiteres Holz. Eine breite Platte wird aus schmaleren Brettern hergestellt, indem man die Kanten von zwei oder mehr Brettern fügt, Leim angibt und dann zusammenspannt.

Selbst furnierte Füllung. Hochwertiges Sperrholz kann man mit seinem Lieblingsfurnier versehen und dann fälzen, um die rohen Kanten sichtbar werden zu lassen. Wenn man eine solche Füllung in den Rahmen einleimt, wird die gesamte Tür stabiler.

nen Trick, um solche Friese aus breiten, rundgeschnitten Brettern zuzuschneiden: Man sägt das Material von den Kanten des Brettes ab, wie auf dem Foto unten rechts zu sehen.

Bei Füllungen versuche ich immer, ganze Bretter zu verwenden, soweit das möglich ist. So zeigt sich die Schönheit des gewachsenen Holzes am deutlichsten. Allerdings sind sehr breite Bretter nicht leicht zu erhalten. Glücklicherweise kann man auch gut mit schmaleren Brettern arbeiten, wenn man sie zu größeren Platten verleimt und dabei Material von einem einzigen Brett verwendet, sodass Maserung, Farbe und Textur der fertigen Füllung möglichst einheitlich sind.

Richten Sie die Füllungen auf eine Stärke ab, die gut auf den Rahmen und auf das gesamte Möbelstück abgestimmt ist. 20 mm sind eine gebräuchliche Stärke, die auch für die wünschenswerte Stabilität sorgt, allerdings fluchtet die Füllung dann oft nicht mit einem Rahmen, der ebenfalls 20 mm stark ist. Je nach der Gestaltung der Tür kann das von vorne klobig aussehen oder im Inneren mit anderen Bauteilen des Möbels ins Gehege kommen. Dünnere Füllungen aus 6 mm starkem Material sind gut für kleinere Türen geeignet, aber wie bei Schubladenböden, die zu dünn sind, lassen sie Türen in Normalgröße oft billig aussehen und scheppern gerne, wenn man die Tür schließt. Eine Tür mit 12 mm starker Füllung ist ein gutes Mittelmaß. Die Stärke erlaubt es, einen Falz anzuschneiden, sodass die Füllung mit dem Rahmen fluchtet oder zurückspringt, ohne mit der Inneneinrichtung in Konflikte zu geraten. Das Gleiche gilt für Füllungen aus Sperrholz.

Zum Lackieren geeignet. Ein Rahmen aus Pappelholz, eine Füllung aus MDF und Profilleisten, die mit Drahtstiften und Leim an der Füllung angebracht werden: So leicht ist eine stabile Tür herzustellen, die man lackieren kann und bei der das Arbeiten des Holzes keine Rolle spielt.

Sperrholz und Furniere

Als moderner Holzwerker hat man das Glück, auch mit Holzwerkstoffen arbeiten zu können. Sperrholz mit Deckfurnieren aus Laubholz gibt es in einer Vielzahl leckerer Sorten und einer endlosen Auswahl an Farben, Maserbildern und Texturen. Damit kann man einer Tür wirklich die richtige Würze geben, vor allem, wenn man das Sperrholz als Füllung in einer Rahmen-und-Füllungskonstruktion verwendet.

Scharniertypen

Möbelscharnier

Korpusseite oder Blendrahmen

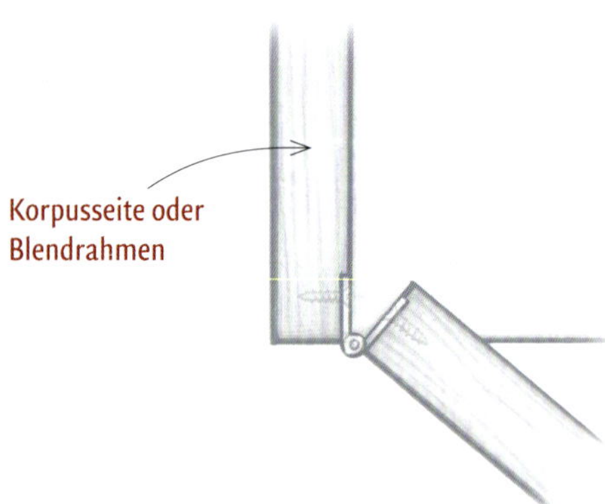

Aufschraubmöbelscharnier

Für aufschlagende und einschlagende Türen

Zapfenband

Für aufschlagende und einschlagende Türen

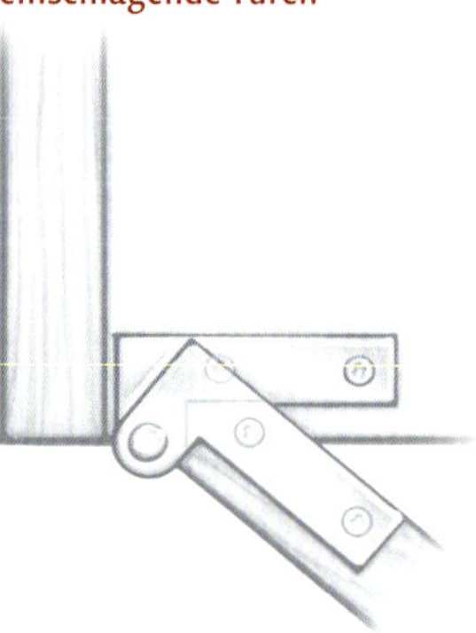

Aufschraubscharnier

Für aufschlagende, einschlagende und gefälzte Türen

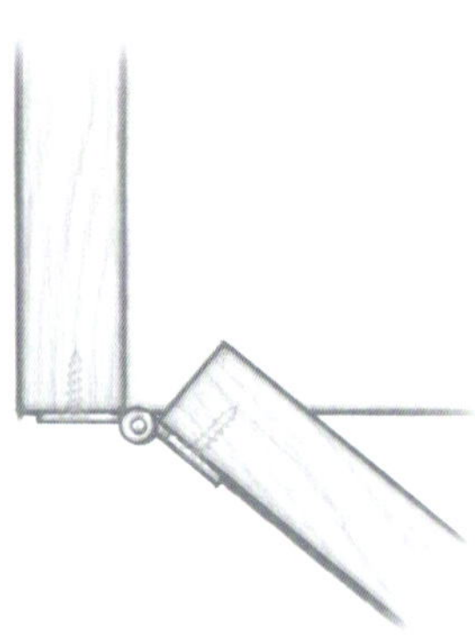

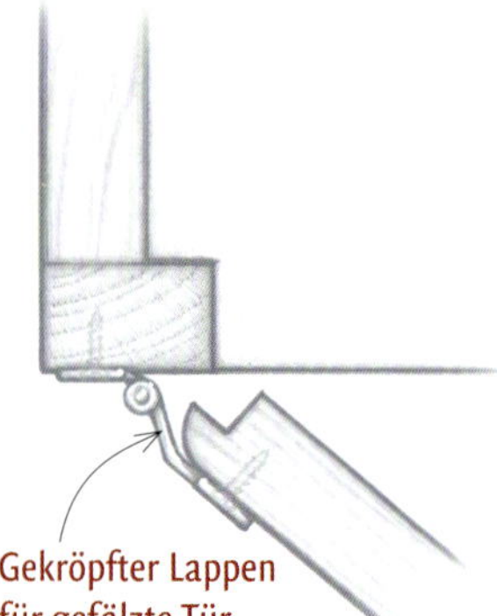

Einbohrscharnier

Für Falttüren, aufschlagende und einschlagende Türen

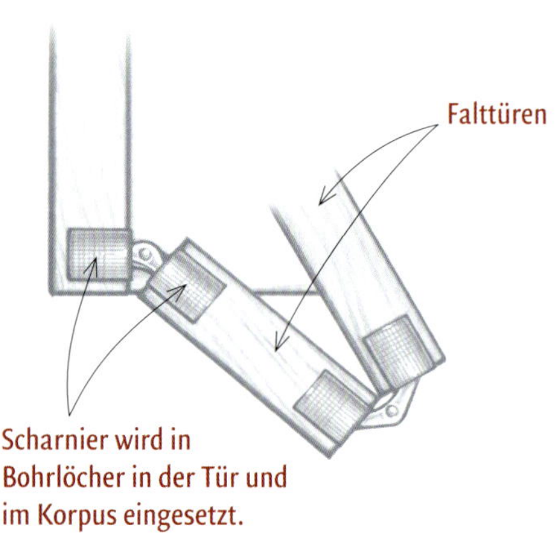

Klavierband

Für aufschlagende und einschlagende Türen

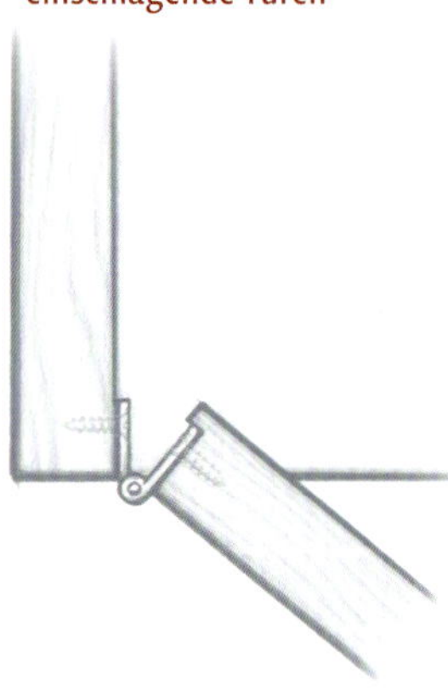

Topfscharnier

Für aufschlagende, einschlagende und gefälzte Türen.

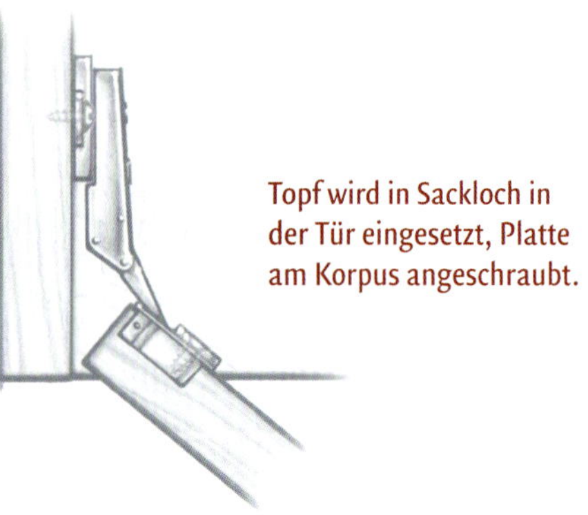

Hochwertiges Sperrholz und MDF sind auch eine hervorragende Wahl für Plattenkonstruktionen und eignen sich gut als Blindholz, das man selbst furnieren kann. Zudem kann Sperrholz natürlich in die Nuten des Rahmens eingeleimt werden, um die gesamte Konstruktion der Tür zu verstärken.

Ein anderer Ansatz ist die Verwendung von Plattenwerkstoffen für Türen, die man deckend lackieren möchte. Dafür ist MDF besonders geeignet, da seine Oberfläche so glatt ist, dass es mit minimaler Vorarbeit lackiert werden kann. Da Holzwerkstoffe im Gegensatz zu Vollholz nicht arbeiten, kann man nicht nur eine Füllung im Rahmen einleimen, man kann auch dekorative Elemente anarbeiten, etwa indem man die Kanten des Materials direkt profiliert.

Die Auswahl der Scharniere

Das satte und glatte Schließen einer Tür hängt nicht zuletzt von den verwendeten Scharnieren ab. Es lohnt sich, die Besten zu verwenden, die zu bekommen sind. Achten Sie auf Exemplare aus massivem Guss oder solche, die extrudiert sind (stabiler als die gestanzten Versionen). Die Lappen sollten aus starkem Material und die Gewerbe präzise gefertigt sein, sodass sie leichtgängig und ohne Spiel arbeiten. Ein gutes Scharnier zu kaufen, ist aber erst die halbe Miete. Manche Scharniere kann man sowohl für aufschlagende, einschlagende als auch gefälzte Türen verwenden; andere nicht. Man kann zwischen vielen verschiedenen Typen wählen, deshalb ist es wichtig, das richtige Scharnier zu wählen, bevor man sich an den Einbau macht. (Siehe Kapitel 7 zum Einbau von Scharnieren.) Sie sollten auch in Betracht ziehen, was man außen am Möbelstück sieht, wenn man die Scharniere an der Tür angebracht hat. Die Möglichkeiten reichen vom Aufschraubscharnier, bei dem beide Lappen und das Gewerbe deutlich zu sehen sind, über Zapfenbänder, von denen man kaum mehr als den knopfgroßen Zapfen sieht. bis hin zu den von außen vollkommen unsichtbaren Topfscharnieren und Klavierbändern. Das allgegenwärtige einfache Möbelscharnier ist in einer immensen Auswahl an Größen, Materialien und Vergütungen zu erhalten. Es trifft eine gute Balance zwischen einfacher Montage, zuverlässiger Funktion und gutem Aussehen.

Qual der Wahl. Scharniere gibt es in vielen Stilen, unterschiedlichen Größen, aus verschiedenen Materialien und diversen Oberflächenhandlungen.
Im Uhrzeigersinn von oben: Möbelscharnier, Aufschraubmöbelscharnier, Zapfenband, Aufschraubscharnier, Einbohrscharnier, Klavierband und Topfscharnier.

Altbewährt. Möbelscharniere sind einfach anzubringen. Sie eignen sich für große wie für kleine Türen, die typische Rolle ragt über Tür und Rahmen hinaus.

Kapitel 6

Türenbau

Bevor man eine Tür baut, muss man erst das Möbelstück herstellen, an dem sie angebracht werden soll. Dann muss man sich für die geeigneten Holzverbindungen für die Tür entscheiden, und schließlich die Tür als fertiges Werkstück in das Möbel einhängen. Dieses Kapitel soll Ihnen die Informationen zur Hand geben, um genau das tun zu können: Sie lernen, wie man hochwertige Türen baut, und erweitern dabei auch gleichzeitig Ihre Fähigkeiten als Möbeltischler. Bei Türen in Rahmen-und-Füllungsbauweise sind die Eckverbindungen entscheidend für die Stabilität der gesamten Tür. Deshalb ist es so wichtig, Verbindungen zu wählen, die für die Art der Tür geeignet sind, die Sie bauen möchten. Eine Standardverbindung für Rahmenecken ist die Schlitz-und-Zapfen-Verbindung, es gibt jedoch mehrere andere Optionen. Man kann immer auf die Plattenbauweise zurückgreifen, die oft leichter ist, als einen Rahmen zu bauen, und vielleicht auch besser zu dem Möbelstück passt, das Sie herstellen wollen. Denken Sie auch an Glastüren. Sie können einer ansonsten eher schlichten Tür das gewisse Etwas geben, und die einfachen Versionen sind nicht sonderlich schwierig zu bauen.

Einen Korpus für die Tür bauen

Es gibt zwei grundlegende Möglichkeiten, Türen an einem Möbelstück anzubringen. Sie können entweder direkt am Korpus befestigt werden, oder an einem Blendrahmen, der am Korpus angebracht ist. Wenn die Tür am Korpus befestigt wird, dann entweder an den Seiten- oder Zwischenwänden oder am Boden und Deckel. Wenn Sie Ihr Möbel entwerfen und bauen, sollten Sie im Auge behalten, dass der Typ der Tür und der Scharniere einen ebenso großen Einfluss auf das Aussehen haben wie die Bauweise der Tür. Treffen Sie also zuerst die Entscheidungen über die Scharniere und den Typ der Tür – einschlagend, aufschlagend oder gefälzt.

Wenn Ihr Korpus einen auskragenden Deckel und Boden hat, können die Türscharniere auch an diesen Bauteilen befestigt werden, anstatt an den Seitenwänden. Eine Wirkung, als sei die Tür im Korpus gefangen, kann man erzielen, indem man die Seitenwände des Korpus ausfälzt und die Tür dann mit Zapfenbändern am Deckel und Boden einhängt, sodass die Tür etwas in den Falz zurückspringt (siehe Foto rechts auf Seite 115).

Man kann sich auch für eine Tür entscheiden, die sich nicht um Scharniere dreht, sondern auf Schienen verschieben lässt. (weitere Informationen zum Bau von Schiebetüren finden sich im Kapitel 8) Die einzige wichtige Voraussetzung dafür ist ein Korpus, der vorne hinreichenden Freiraum aufweist, um die Schienen aufzunehmen, von denen die Tür geführt wird. Dazu müssen Regalbretter, Zwischenwände und Ähnliches meist etwas zurückgesetzt werden (siehe Zeichnung auf der folgenden Seite).

Wie auch beim Schubladenbau sollten Sie zuerst den Korpus bauen, bevor Sie die Teile für die Tür zuschneiden. Wenn Sie das Möbelstück zusammengebaut haben, legen Sie die Größe der Türen anhand der Öffnungen im Korpus fest.

Im Inneren versteckt. Bei Möbeln ohne Blendrahmen wird die Tür von den Seiten- und Trennwänden getragen. Die Topfscharniere im Foto erfordern am Korpus angeleimte Holzklötze, um die Tür richtig auszurichten.

Blendrahmen und Korpus für Türen

Blendrahmen

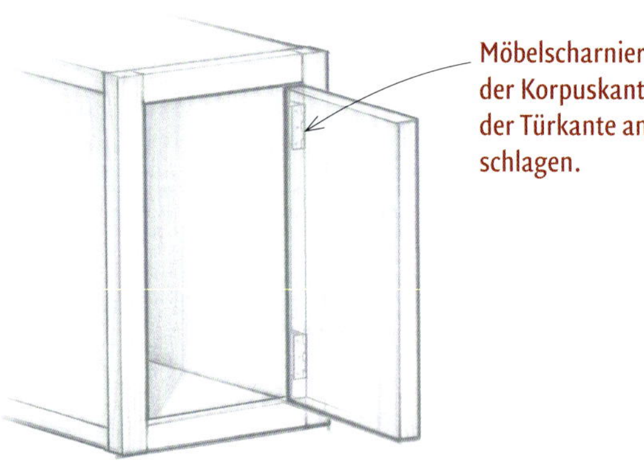

Plattenbauweise

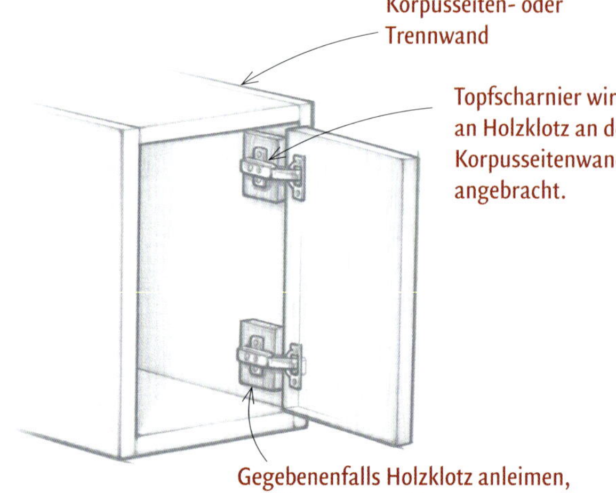

Plattenbauweise mit vorspringendem Deckel und Boden

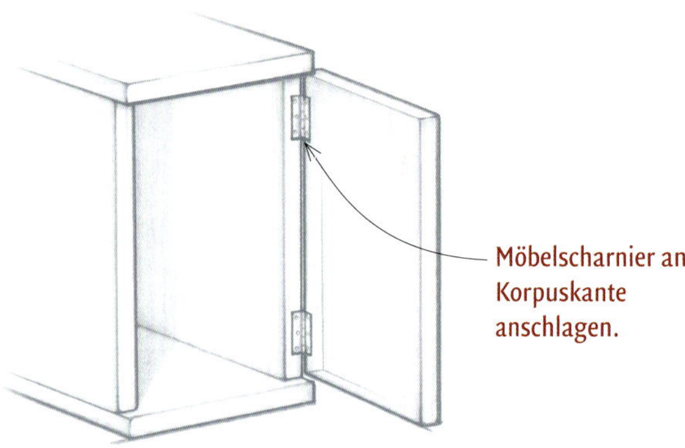

Korpus für Schiebetüren

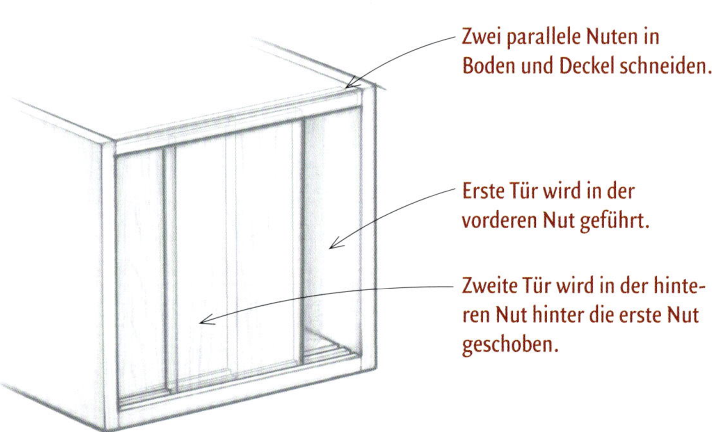

Am Blendrahmen angeschraubt. Diese einschlagende Tür hängt an Möbelscharnieren, die am Blendrahmen eines traditionellen Korpus angeschraubt sind.

Tür vorstehen lassen. Dieser Ahornschrank hat gefälzte Seitenwände, und die Tür schlägt etwas in die Fälze ein, sodass ein Kisseneffekt entsteht.

Die Wahl der Verbindungen

Die Verbindungen bei Möbeltüren lassen sich zwei grundlegenden Kategorien zuordnen: Verbindungen für Türen in Plattenbauweise und Verbindungen für Türen mit Rahmen und Füllung. Es gibt zwar verschiedene Typen der Plattenbauweise im Türenbau, aber die Verbindungen sind einfach und besteht meist aus Bauelementen auf der Rückseite oder den Enden der Türenplatte, um diese daran zu hindern, sich zu werfen. Detailliertere Angaben finden sich später in diesem Kapitel. Andererseits beruht die Belastbarkeit von Türen in Rahmen-und-Füllungsbauweise auf der Stärke der Rahmeneckverbindungen, bei der einem mehrere Möglichkeiten zu Wahl stehen (siehe Zeichnung auf Seite 116).

Die Füllung in einer Tür in Rahmen-und-Füllungsbauweise wird in Nuten im Rahmen eingelegt, die meist etwa 6 mm breit und 12 mm tief sind. Die Nuten werden – genau wie jene, die in Schubladenseitenstücken als Aufnahme für den Boden dienen (siehe Kapitel 2) – mit der Handoberfräse oder mit einem Nutsägeblatt an der Tischkreissäge geschnitten. Abgesetzte Nuten müssen gefräst werden. Die Passung der Füllung in der Nut sollte nicht zu eng sein, damit das Holz noch etwas arbeiten kann.

Bei den Rahmeneckverbindungen gibt es keine echte Alternative zu der altehrwürdigen Schlitz-und-Zapfen-Verbindung. Man kann zwar auch Dübel oder lose Formfedern verwenden, aber die Schlitz-und-Zapfen-Verbindung ist der Standard, an der alle anderen Verbindungen sich messen lassen müssen, weil sie sich bei Möbeltürrahmen durch hohe Belastbarkeit und lange Haltbarkeit auszeichnet.

Bei der Gestaltung der Verbindungen sollten die Schlitze so tief wie möglich sein, um die Belastbarkeit zu steigern. Die Zapfen sollten etwa 1 mm kürzer sein als die Tiefe des Schlitzes, um sicherzustellen, dass die Zapfenbrüstungen dicht am geschlitzten Fries anliegen. Bei normalen Möbeltüren versuche ich, die Schlitz-und-Zapfen-Verbindungen mindestens 30 mm tief zu schneiden.

Eckverbindungen

Gestemmter Schlitz und Zapfen

Einhälsung (durchgehender Schlitz)

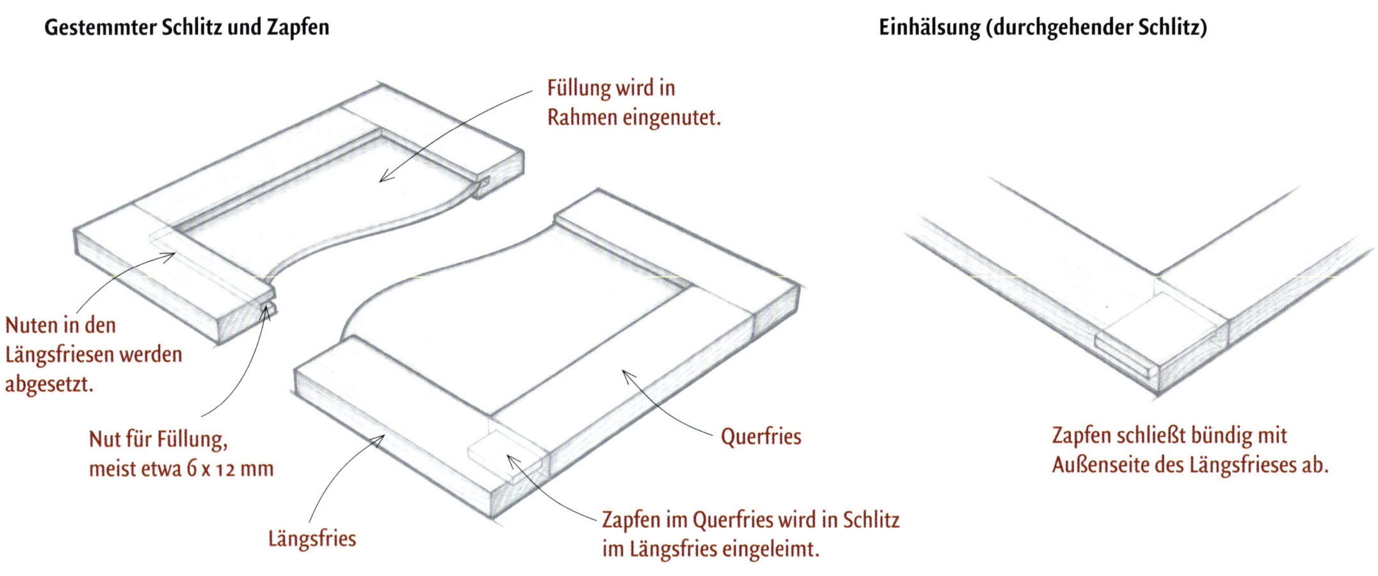

Nutzapfen

Lose Feder

Dübel oder Formfedern

Konterprofil

Gehrung mit durchgehendem Zapfen

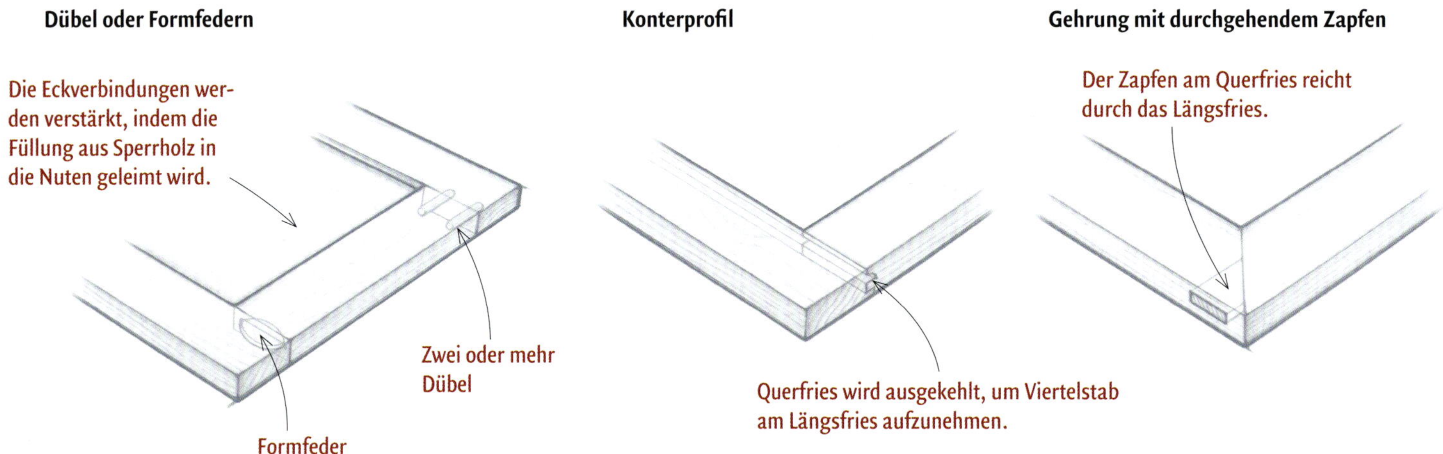

Zwei sind besser als einer. Breite Querfriese werden mit zwei oder mehr Zapfen versehen, die in einzelne Schlitze eingeleimt werden, um Probleme aufgrund des Arbeitens des Holzes zu vermeiden.

Ganz durch. Eine Einhälsung lässt sich leicht anschneiden, weil der offene Schlitz an der Tischkreissäge hergestellt werden kann. Das dunklere Hirnholz des Zapfens ist an der Türkante sichtbar und gibt der Tür ein klassisches Aussehen.

Beachten Sie, dass bei breiten Friesen die Zapfen nicht breiter sein sollten als etwa 100 mm, damit das Arbeiten des Holzes nicht zu Problemen führt. Eine Lösung besteht darin, breite Zapfen in mehrere schmale zu unterteilen. Das lässt sich leicht durchführen, indem man zuerst einen Zapfen anschneidet und ihn dann an der Bandsäge in mehrere einzelne unterteilt.

Man kann auch auf die sogenannte Einhälsung zurückgreifen, eine Variante der Schlitz-und-Zapfen-Verbindung. Sie wird häufig in Möbeltüren verwendet und ist besonders für die kleine Werkstatt geeignet, weil sich sowohl Schlitz als auch Zapfen mit einigen einfachen Schnitten an der Tischkreissäge herstellen lassen – man benötigt keine Fräser, um die Schlitze zu schneiden.

Schließlich kann man auch lose Federn verwenden. In diesem Fall werden Längs- und Querfries mit der Schlitzstemmmaschine oder der Handoberfräse mit Parallelanschlag geschlitzt, und die Friese werden dann mit Federn verbunden, die auf die Größe der Schlitze abgepasst sind. Einer der Vorteile dieser Methode liegt darin, dass es nicht so leicht zu Fehlern beim Zuschneiden der Friese kommt, weil man nicht die Überlänge einplanen muss, die notwendig ist, um die Zapfen anzuschneiden. Außerdem ist es leicht, die Stärke der losen Feder genau auf die Schlitze abzustimmen: Da sie ein separates Stück Holz ist, kann man sie schnell durch den Dicktenhobel schicken (natürlich als langes Werkstück) oder die genaue Passung mit dem Hobel anarbeiten.

Quer- und Längsfriese schlitzen. Lose Federn machen das Dimensionieren der Bauteile einfacher und sind genauso belastbar wie angeschnittene Zapfen. In die Seitenflächen der Federn werden flache Nuten geschnitten, damit beim Zusammenbau Luft und Leim aus der Verbindung austreten können.

Schlitz-und-Zapfen-Verbindungen herstellen

Es gibt viele Methoden, einen Schlitz und den passenden Zapfen zu schneiden. Unabhängig von den verwendeten Werkzeugen sollte man immer den Schlitz zuerst schneiden, da es viel leichter ist, einen Zapfen in einen Schlitz einzupassen als umgekehrt. Vergessen Sie auch nicht, bei der Festlegung der Abmessung der Friese die kombinierte Länge der beiden Zapfen hinzuzuziehen.

Einen Schlitz schneiden

Wenn man nur eine kleine Werkstatt hat, kann das Schneiden von Schlitzen etwas schwierig sein. Ein Ansatz besteht darin, den Verschnitt zum Großteil mit der Bohrmaschine zu entfernen, und dann mit dem Beitel bis zu den Rissen nachzustechen. Allerdings geht die Arbeit sehr viel schneller von der Hand, wenn man Elektromaschinen verwendet. Eine Schlitzstemmmaschine ist ein gute Investition und liefert saubere Schlitze mit rechtwinkligen Enden, wenn man die richtige Schnittfolge einhält: Zuerst werden die beiden äußeren Brüstungen geschnitten, dann wird der Verschnitt zwischen diesen Brüstungen mit einer Serie von überlappenden Schnitten entfernt.

Mit der Handoberfräse lässt sich ein Schlitz unter Verwendung eines Nutfräsers und eines Parallelanschlags schneiden. Spannen Sie das Werkstück an der Hobelbank an, sodass die Kante an einer breiten Zulage anliegt, die so stark ist, wie das Werkstück und als Auflage für die Handoberfräse dient. Gefräste Schlitze haben allerdings wegen des Fräsers runde Enden. Man kann die Enden ent-

Mit der Schlitzstemmmaschine arbeiten. Die rechtwinkligen Enden des Schlitzes werden zuerst geschnitten, dann wird der Verschnitt zwischen ihnen in mehreren Schritten herausgeschnitten.

Einen Schlitz fräsen. Spannen Sie ein breites Brett auf der Hobelbank an, um die Handoberfräse zu stützen, und rüsten Sie die Fräse mit einem Nutfräser und Parallelanschlag auf. So schneiden Sie einen sehr sauberen Schlitz mit runden Enden.

weder mit dem Beitel rechtwinklig nachstechen, um einen normalen rechteckigen Zapfen aufzunehmen, oder man kann den Zapfen passend abrunden, wie ich es gleich beschreibe.

Clever arbeiten

Es gibt eine optimale Spielpassung für eine gut angeschnittene Schlitz-und-Zapfen-Verbindung. Eine meiner Mentoren bemerkte dazu einmal: „Die Verbindung sollte nicht so wenig Spiel haben, dass man sie mit dem Hammer zusammenprügeln muss. Andererseits sollte sie auch nicht so lose sitzen, dass man sie auseinanderschütteln kann."

Einen Zapfen sägen

Zapfen lassen sich in Handarbeit mit der Rücken- oder Gestellsäge schneiden, indem man sorgfältig bis zum Riss sägt. Auch hier erleichtern Elektrowerkzeuge die Arbeit enorm. Werkzeug der Wahl ist in diesem Fall meist die Tischkreissäge. Viele Holzwerker stützen das Werkstück dabei in einer gekauften oder selbst angefertigten Vorrichtung, sodass es senkrecht gehalten werden kann, um die Zapfenwangen zu schneiden. Wenn die Wangen angeschnitten sind, wird das Werkstück flach auf die Tischkreissäge gelegt und mit dem Ablänganschlag geführt, um die Zapfenbrüstungen zu schneiden.

Ich ziehe die bequemere Methode vor und schneide Zapfen mit dem Nutsägeblatt. Dazu wird der Parallelanschlag auf die gewünschte Zapfenlänge eingestellt, und der Zapfen dann in zwei Durchgängen mit unterschiedlicher Schnitttiefe angeschnitten, ohne die Einstellung des Parallelanschlags zu verändern. Zuerst werden die Wangen und die breiten Schultern angeschnitten,

Senkrecht sägen. Die Zapfenwangen lassen sich gut mit einer kommerziellen oder selbst hergestellten Vorrichtung an der Tischkreissäge schneiden. Der Vorgang kann beschleunigt werden, indem man die Säge mit zwei Sägeblättern und einer dazwischen liegenden Distanzscheibe aufrüstet, um beide Wangen gleichzeitig zu sägen.

Waagerecht sägen. Mit einem Nutsägeblatt ist ein Zapfen schnell angeschnitten. Führen Sie eine Reihe von überlappenden Schnitten aus, um die Wangen und die breiten Brüstungen zu schneiden, verstellen Sie dann die Schnitttiefe des Nutsägeblatts, stellen Sie das Werkstück auf die Kante, und schneiden Sie die schmale Brüstung an.

Einen Zapfen abrunden. Stechen Sie mit dem Beitel an der Brüstung ein, und runden Sie dann die Enden des Zapfens mit bogenförmigen Stößen der Raspel ab. Die Passung muss nicht perfekt sein; raspeln Sie, bis sich die Verbindung zusammenstecken lässt.

indem man das Material zuerst auf die eine Seite legt und sägt, und dann auf die andere Seite umdreht und die gegenüberliegende Wange und Brüstung anschneidet. In einem zweiten Durchgang wird das Werkstück hochkant über das Nutsägeblatt geführt, um die schmalen Brüstungen anzuschneiden. Wenn man auf diese Weise arbeitet und das Werkstück von beiden Seiten her bearbeitet, ist es sehr wichtig, dass bei gleich starken Zapfen- und Schlitzstücken die Schlitze genau mittig in das Material geschnitten werden.

Mit etwas Glück passt die Verbindung dann wie beabsichtigt. Falls Sie den Zapfen jedoch zu dünn geschnitten haben, können Sie an einer oder beiden Wangen ein Furnierblatt aufleimen, um ihn etwas stärker zu machen. Andererseits kann der Zapfen auch etwas zu stark sein und muss schmaler gearbeitet werden. Dazu werden die Wangen entweder mit dem Simshobel bearbeitet oder vorsichtig mit einer Modelbauerraspel gefeilt, die eine sehr viel glattere Oberfläche hinterlässt als eine normale Raspel.

Falls der Zapfen in einen Schlitz mit runden Enden eingepasst werden soll, werden seine Enden mit der Raspel oder dem Stechbeitel abgerundet. Man kann auch Schleifpapier verwenden, dass man um einen Schleifklotz aus hartem Holz gewickelt hat, dabei muss man aber sorgfältig arbeiten, um die Zapfenbrüstung nicht zu beschädigen.

Schraubzwingen

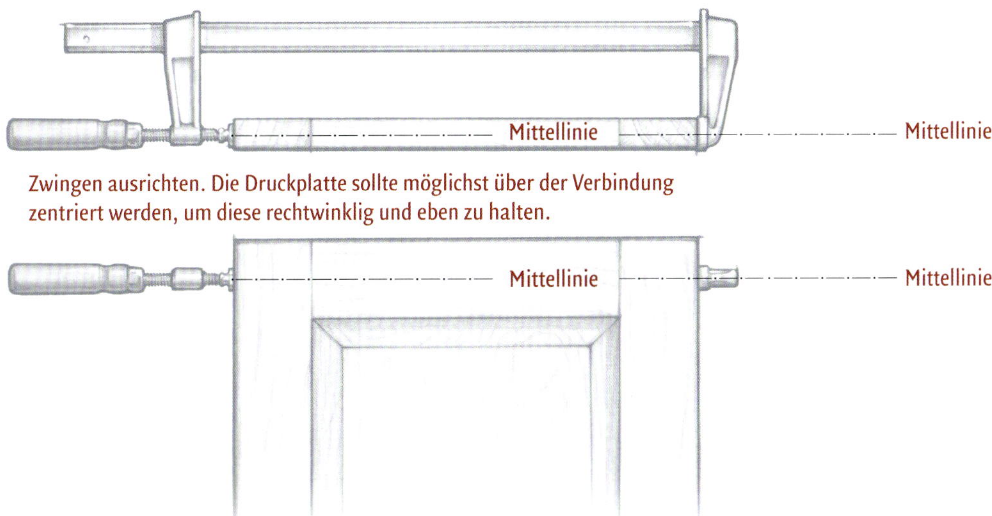

Zwingen ausrichten. Die Druckplatte sollte möglichst über der Verbindung zentriert werden, um diese rechtwinklig und eben zu halten.

Der Zusammenbau der Tür

Wenn Sie den Rahmen genutet, die Eckverbindungen angeschnitten und eine passende Füllung angefertigt haben, können Sie die Tür zusammenbauen. Falls die Füllung für Ihre Tür aus Vollholz besteht, achten Sie darauf, dass kein Leim in die Rahmennuten oder an die Füllung gerät, damit diese nicht daran gehindert wird, im Rahmen zu quellen und schwinden. Ziehen Sie die Verbindungen mit mäßigem Druck der Zwingen zusammen, und kontrollieren Sie die Tür auf Rechtwinkligkeit, bevor Sie sie zum Trocknen beiseite stellen.

Achten Sie beim Ansetzen der Zwingen, dass die Tür sich nicht wirft. Um sicher zu stellen, dass sie eben bleibt, legt man sie auf eine ebene Arbeitsfläche und setzt die Zwingen so an, dass sie mit den Verbindungen und der Ebene der Tür fluchten (siehe Zeichnung oben). Wenn Sie die Zwingen ausgerichtet haben, ziehen Sie sie mit sanftem Druck an – nur so viel, dass sich die Verbindungen schließen.

Vor dem Trocknen rechtwinklig ausrichten. Vergleichen Sie die Länge der beiden Diagonalen an der eingespannten Tür. Falls eine Diagonale länger ist, ziehen Sie hier die Zwingen an, um die Tür rechtwinklig auszurichten.

Verbindungen mit Dübeln und Holznägeln

Holznägel betonen die Verbindungen an einem Rahmen und können Zeit ersparen, wenn man beim Verleimen die Zwingen ansetzt. Allerdings sollte man bedenken, dass in den meisten Fällen die Holznägel die Belastbarkeit der Verbindung nicht vergrößern. Allerdings können sie dafür sorgen, dass der Rahmen nicht vollkommen auseinanderfällt, falls in der Zukunft irgendwann die Verleimung nachgeben sollte.

Drahtstifte und Dübel

Drahtstifte und Klammern sind, vor allem wenn man sie mit einem Druckluftnagler setzt, eine schnelle Methode, um einen Rahmen zusammenzuhalten, während der Leim trocknet. Wenn Sie es eilig haben oder einen ganzen Stapel Türen zusammenbauen wollen und nicht über endlos viele Zwingen verfügen, können Sie Zwingen an eine Tür ansetzen und die Verbindungen von mit Drahtstiften aus dem Druckluftnagler sichern. So können Sie die Zwingen gleich wieder abnehmen und mit der nächsten Tür weitermachen. Ein normaler Holzdübel mit 6 mm Durchmesser aus dem Baumarkt ist gut als Rohmaterial für Holznagelungen geeignet, aber ich fin-

Drahtstifte ersetzen Schraubzwingen. Wenn Sie Schraubzwingen an eine Tür angesetzt haben, können Sie die Verbindungen von der Rückseite her mit einem Druckluftnagler nahe der Brüstung fixieren. Damit werden die Zwingen für die nächste Verleimung frei.

Bambus als Holznagel. Bohren Sie mit einem Holzbohren durch die Verbindung, geben Sie Leim an einen Bambusspieß, stecken Sie ihn in das Bohrloch, und sägen Sie ihn mit einer Dübelsäge bündig.

Doppeltes Vergnügen. Bei großen Verbindungen kann man Holznägel in zwei Größen verwenden, und die Gestaltung interessanter zu machen. Die Holznägel werden mit Epoxidkleber eingeklebt, eventueller Überstand muss sorgfältig entfernt werden, bevor er trocknet.

de das etwas zu alltäglich und auch zu grobschlächtig, um Verbindungen zu nageln. Ich empfehle stattdessen die unglaublich starken und zähen Bambusspieße mit 2 mm Durchmesser, die es im Küchenbedarfshandel gibt, oder die Essstäbchen aus Bambus mit etwa 4 mm Durchmesser, wie sie bei Ihrem Lieblingschinesen zum Essen gereicht werden. Spannen Sie einen 3- oder 4-mm-Holzbohrer in Ihre Bohrmaschine, und bohren Sie ein Loch durch die Verbindung. Eine Zulage an der Rückseite sorgt dafür, dass es dort nicht zu Faserausrissen kommt. Geben Sie Leim an den Holznagel, stecken Sie ihn in das Bohrloch, und sägen Sie ihn mit einer Dübelsäge bündig ab.

Rechteckige Holznägel

Anstelle von Dübeln können Sie Ihre Verbindungen auch mit im Querschnitt rechteckigen Holznägeln nageln. Eine Methode besteht darin, ein rundes Loch zu bohren, und dann den eckigen Nagel in das um etwa 0,5 mm zu große Loch zu treiben. Das funktioniert besonders gut bei weichen bis mittelharten Hölzern wie Kiefer, Kirsche oder Nussbaum, da sich das runde Loch etwas verformt, wenn der Nagel eingetrieben wird. Dekorative wirkt es, wenn man den Holznagel diagonal ausrichtet, sodass ein Rauteneffekt entsteht, wenn er eingetrieben wird.

Falls die rechteckigen Holznägel sehr präzise aussehen sollen, müssen Sie rechteckige Löcher schneiden, in die sie eingesetzt werden. Man kann die Löcher mit einer Schlitzstemmmaschine stemmen, oder sie mit der Bohrmaschine bohren und dann sorgfältig mit einem schmalen Stechbeitel nachstechen. Besonders effektvoll ist es, wenn man die Kanten des Lochs leicht anfast, die Ecken durch kräftige Gehrungsstiche betont, und die Enden des Holznagels ebenfalls anfast. Falls die Eckverbindung groß genug ist, können Sie auch zwei oder mehr Holznägel verwenden und deren Größe variieren, um das Aussehen noch gefälliger zu machen.

Türen in Plattenbauweise

Die einfachste Tür, die man bauen kann, ist eine aus einem einzigen Stück Voll- oder Sperrholz. Sperrholz ist das einfachere Material, weil man dabei nicht das Arbeiten des Holzes berücksichtigen muss. Türen aus Vollholz erfordern etwas größeren konstruktiven Aufwand, damit sie eben bleiben und sich nicht werfen.

Zuerst oben und unten. Leimen Sie zuerst den Umleimer an der Ober- und Unterkante an, um die Sperrholzkante abzudecken. Versetzen Sie die Umleimer als Vorbereitung für den nächsten Schritt an einer Kante der Tür etwas nach innen.

Dann die Seiten. Leimen Sie die Umleimer an den Seiten an. Verwenden Sie wieder Zulagen, und lassen Sie die Umleimer oben und unten überragen.

Wie Vollholz hobeln. Wenn die Umleimer an den Ecken bündig verputzt und ihre Flächen geglättet sind, kann man die Kanten wie bei Vollholz bearbeiten. Einige Stöße mit dem Hirnholzhobel ergeben eine ansprechende Fase.

Sperrholzplatte

Eine Tür in Plattenbauweise aus Sperrholz ist schnell hergestellt. Die einzige Arbeit, die notwendig ist, besteht darin, die Sägekanten zu verbergen. Eine einfache Methode ist das Aufbringen eines Furnierumleimers, der auch als Furnierklebeband bezeichnet wird. Er wird als Rollenware verkauft und ist auf der Rückseite mit einem Schmelzkleber versehen, sodass man ihn mit dem Bügeleisen an den Schnittkanten anbringen kann. Allerdings ist diese Furnierband so dünn, dass man es nur für die Türen an reinen Zweckmöbeln verwenden sollte, da es nicht sonderlich haltbar ist. Besser ist es, einen Umleimer aus Vollholz anzubringen, also schmale Streifen aus Holz an die Kanten der Tür zu leimen.

Ich stelle diese Umleimer her, indem ich Streifen mit einer Stärke von etwa 3 bis 4 mm Stärke zuschneide, deren Kanten ich dann später wie bei Vollholz leicht abrunden oder anfasen kann. Schneiden Sie die Umleimer etwas breiter als die Stärke des Sperrholzes zu, damit Sie sie nach dem Anbringen mit dem Hobel, der Ziehklinge oder Schleifpapier bündig nacharbeiten können. Falls Sie ein aufwendigeres Profil an die Kanten der Tür anschneiden möchten, fertigen Sie einfach entsprechend stärkere Umleimer an.

1. Schneiden Sie eine Sperrholzplatte auf Länge. Berücksichtigen Sie dabei die Stärke der Umleimer. Lassen Sie die Platte in der Breite vorerst mit leichtem Übermaß.
2. Leimen Sie den Umleimer an der Ober- und Unterkante der Tür an. Er muss an einer der Kanten leicht überstehen. Verwenden Sie breite Zulagen, um den Druck der Zwingen gleichmäßig zu verteilen. 1
3. Wenn der Leim trocken ist, wird die Platte mit der Kante, wo der Umleimer nicht übersteht, am Parallelanschlag angelegt, und man schneidet den Umleimer an der gegenüberliegenden Seite mit der Plattenoberfläche bündig. Dann wird die andere Kante bündig geschnitten, sodass die Tür ihre Endbreite minus der Stärke der beiden noch anzubringenden Seitenumleimer hat.
4. Bringen Sie die Umleimer an den Seitenkanten so an wie die beiden ersten. Lassen Sie sie an beiden Kanten überstehen. 2
5. Wenn der Leim trocken ist, wird der Überhang an den Ecken bündig verputzt. Dann wird der Umleimer mit der Vorder- und Rückseite der Platte verputzt und die Kanten werden gebrochen, indem man sie mit der Handoberfräse abrundet oder mit dem Hobel anfast. 3

Vollholzplatte

Eine Tür aus einer Vollholzplatte ist eine ganz andere Angelegenheit. Man muss sie so konstruieren, dass sie sich nicht werfen kann. Eine einfache, bewährte Methode ist es, an der Rückseite der Tür Querriegel anzubringen. Diese sogenannten Brettertür kann zwei waagerechte Querriegel aufweisen, oder drei als „Z“ angeordnete (zwei Riegel und eine Diagonalstrebe) oder jede beliebige andere Konfiguration, die gewährleistet, dass die Holzplatte eben bleibt. Die Querriegel werden einfach an der Rückseite der Tür angeschraubt. (Man gibt keinen Leim an, um Probleme mit Quer- und Längsholz zu vermeiden.)

Eine aufwendigere Plattenbauweise verwendet Hirnholzleisten, also schmale Holzleisten, die an den Enden der Platte angebracht werden, um sie eben zu halten. Die Konstruktion muss sachgerecht ausgeführt werden, damit das Arbeiten des Quer- und Längsholzes nicht zu Problemen führt.

1. Bereiten Sie zuerst die Platte und die Hirnholzleisten vor. Belassen Sie die Hirnholzleisten vorerst mit Überlänge. Sägen oder fräsen Sie in eine Kante jeder Hirnholzleiste jeweils eine 6 mm tiefe Nut.
2. Schneiden Sie auf ganzer Länge jedes Endes der Platte einen Zapfen an. Stecken Sie jeweils eine Hirnholzleiste trocken auf einen Zapfen, und reißen Sie drei einzelne Zapfen und Schlitze

Riegel an der Rückseite. Eine Vollholzplatte wird an der Rückseite mit zwei oder mehr Bretter, den sogenannten Riegeln, versehen, um sie daran zu hindern, sich zu verziehen.

Hirnholzleiste

Zapfen 6 x 40 mm

Feder 6 x 6 mm

Quellen und Schwinden des Holzes

50 mm

Langloch, damit der Zapfen das Arbeiten des Holzes mitmachen kann

Hirnholzleiste ist 50 bis 75 mm breit.

Äußere Schlitze werden 10 mm breiter geschnitten als die Breite der Zapfen.

Nur der mittlere Zapfen wird verleimt.

Clever arbeiten

Brettertüren wurden traditionell an der Rückseite von Riegeln gehalten, die angenagelt wurden. Dafür wurden die Nägel so eingetrieben, dass etwa 25 mm der Spitze herausragte, dann wurde die Spitze mit einer Zange oder an einem kleinen Amboss umgebogen, und man trieb die umgebogene Spitze in das Holz ein. Die Methode mag sich etwas primitiv anhören, ist aber immer noch ein sehr effektives Verfahren, um Riegel an der Rückseite einer Tür anzubringen.

Platz zum Arbeiten. Stecken Sie den Zapfen an der Platte in die Nut der Hirnholzleiste, und reißen Sie die Schlitze und Zapfen an. Lassen Sie an den äußeren Zapfen Platz, damit das Holz quellen und schwinden kann.

Die Feder stehen lassen. Sägen Sie die einzelnen Zapfen auf Breite. Lassen Sie eine 6-mm-Feder zwischen ihnen stehen.

Löcher verbreitern. Verwenden Sie einen Anschlag und einen Nutfräser, um die Löcher in den äußeren Zapfen zu Langlöchern zu verbreitern.

an (mehr, falls die Platte besonders breit ist). Der mittlere Zapfen sollte kein seitliches Spiel in seinem Schlitz haben, während die beiden äußeren Zapfen an beiden Außenseiten je nach Holzart und Breite der Platte 3 bis 6 mm Spiel haben. 1

3. Schneiden Sie 6 mm breite und 30 mm (oder mehr) tiefe Schlitze in jede Hirnholzleiste.
4. Sägen Sie die einzelnen Zapfen an der Platte mit der Stichsäge oder Bandsäge so aus, dass zwischen den Zapfen eine 6 mm breite Feder stehen bleibt. 2
5. Stecken Sie die Hirnholzleisten trocken auf, und sägen Sie an jedem Zapfen ein Loch durch Hirnholzleiste und Platte. Nehmen Sie die Teile wieder auseinander, und erweitern Sie die Bohrungen in den äußeren Zapfen zu Langlöchern. Das kann man mit der Laubsäge oder einem Stechbeitel machen, ich ziehe es aber vor, einen Anschlag anzuspannen und an diesem mit einem Nutfräser in der Handoberfräse zu schneiden. 3 Schneiden Sie jetzt die Hirnholzleisten auf Endlänge.
6. Bringen Sie die Hirnholzleisten an der Tür an. Geben Sie nur an den mittleren Zapfen und den mittleren Schlitz Leim an. 4 Spannen Sie die Teile zusammen, und treiben Sie dann die Holznägel in die Löcher an den Zapfenstellen. 5 Die fertige Tür ist formstabil. Sie kann jetzt mit Scharnieren versehen werden. Wenn das Holz arbeitet, können die Platte und die äußeren Zapfen wegen der Langlöcher frei in der Breite quellen und schwinden, ohne dass dadurch die Belastbarkeit beeinträchtigt wird. 6

Die Mitte verleimen. Geben Sie nur an den mittleren Zapfen und Schlitz Leim an, spannen Sie dann die Hirnholzleiste an die Platte, und treiben Sie Holznägel in die Verbindung ein.

Ewig eben. Diese Tür mit Hirnholzleisten kann jetzt eingehängt werden und wird viele Jahre das Arbeiten des Holzes ertragen, ohne sich zu werfen.

Clever arbeiten

Um die Verbindungen zu betonen und kleine Ungenauigkeiten zu kaschieren, arbeite ich vor dem Zusammenbau gerne mit dem Hobel und Stechbeitel kleine Fasen an allen Brüstungen einer Hirnholzleiste an. Wenn die Teile zusammengebracht werden, formen die benachbarten Fasen kleine V-Nuten, die deutliche Schattenlinien bilden und gleichzeitig kleine Unregelmäßigkeiten verstecken.

Türen in Rahmen-und-Füllungsbauweise

Erst nuten, dann schlitzen. Nachdem Sie alle Rahmenfriese genutet haben, schneiden Sie in 12 mm Entfernung von jedem Ende der beiden Längsfriese jeweils einen Schlitz ein.

Nutzapfen füllt die Lücke. Lassen Sie einen 12 mm langen Nutzapfen stehen, um die Nut im Längsfries zu füllen, wenn Sie die äußere Brüstung am Querfries anschneiden.

Zuerst das Hirnholz. Legen Sie die Füllung mit der Sichtseite auf den Handoberfräsentisch, und schneiden Sie die Abplattung an. Beginnen Sie mit einer Hirnholzseite, und drehen Sie die Platte dann, um Faserausrisse auf ein Minimum zu reduzieren.

Clever arbeiten

Falls es Ihnen an einem Handoberfräsentisch oder einem Abplattfräser mangelt, kann man eine Türfüllung auch leicht an der Tischkreissäge abplatten. Dafür wird das Sägeblatt auf den gewünschten Winkel geneigt und dann so vorgegangen, wie bei einem angefasten Schubladenboden (siehe „Den Schubladenboden anbringen" auf Seite 43).

Die vermutlich häufigste Bauweise für Möbeltüren besteht aus einem Rahmen und Füllung. Solche Türen werden schon lange gebaut, und das aus gutem Grund. Indem die Füllung aus Vollholz in die Nuten eines relativ schmalen Rahmens eingelegt wird, wird das Problem gelöst, das durch das Arbeiten des Holzes bei großen Platten aus Vollholz entsteht. Die Füllung kann sich frei in den Nuten bewegen, und der Rahmen sorgt dafür, dass die Füllung sich nicht werfen kann. Unser Dank gilt den vorhergegangenen Generationen von Tischlern!

Es sind zwar geringfügig abweichende Gestaltungen bei den Verbindungen und den Füllungen möglich, aber die folgende Konstruktion ist ein gutes Beispiel für diese Art von Tür.

1. Schneiden Sie zuerst die Nuten in die Friesrohlinge, und schneiden Sie dann die Schlitze in die Längsfriese. Die Schlitze werden 12 mm vom Ende des Frieses nach innen versetzt und fluchten mit der Nut für die Füllung. 1
2. Da die Nut nicht abgesetzt ist, wird ein Nutzapfen an den Zapfen angeschnitten, um die Lücke zu füllen, die durch die offene Nut

Gummi verhindert klappern. Legen Sie einen kleine Gummistücke in die Nuten der Längsfriese, bevor Sie die Tür zusammenbauen, damit sich die Füllung nicht seitlich verschieben oder im Verlauf der Jahreszeiten zu klappern beginnen kann.

Nur die Schlitze und Zapfen. Geben Sie Leim an die Zapfen und in die Schlitze an. Achten Sie darauf, dass kein Leim in die Nuten für die Füllung gelangt.

Sanft, aber bestimmt. Ziehen Sie die Verbindung mit den Zwingen zusammen, aber übertreiben Sie es nicht.

am Ende der Längsfriese entsteht. 2 Stecken Sie die Verbindungen probeweise trocken zusammen, und arbeiten Sie die Zapfen gegebenenfalls mit dem Simshobel oder einer Raspel nach, bis sie leicht in die Schlitze zu stecken sind.

3. Schneiden Sie die Füllung auf Maß, und profilieren Sie die Kanten, sodass sie in die Nuten im Rahmen passen. (Mehr über die Größe von Füllungen findet sich in Kapitel 5, „Anatomie der Tür") Rüsten Sie die Tischfräse oder den Handoberfräsentisch mit einem Abplattfräser aus, und profilieren Sie zuerst eine der Hirnholzkanten. Bearbeiten Sie dann die benachbarte Längsholzkante, um eventuelle beim vorherigen Fräsgang entstandene Faserausrisse zu entfernen. 3 Fräsen Sie die beiden anderen Kanten in der gleichen Reihenfolge.
4. Jetzt können Sie Rahmen und Füllung zusammenbauen. Zuvor sollten Sie jedoch einige Abstandshalter in die Nuten der Längsfriese legen. Früher verwendete man für dieses „Verklotzen" kleine Holzstücke, heute gibt es unter verschiedenen Markennamen Streifen oder Kügelchen aus Kunstgummi, die sich zusammenpressen lassen und dafür sorgen, dass die Füllung im Rahmen zentriert bleibt und bei geringerer Luftfeuchtigkeit nicht anfängt zu klappern. 4

Legen Sie die Füllung in die Nuten der beiden Querfriese, und geben Sie Leim in die Schlitze der Längsfriese und an die Zapfen an. Achten Sie darauf, dass kein Leim in die Nuten im Rahmen gelangt. 5 Seien Sie dabei penibel: Wenn Leim in die Nuten gelangt, wird die Füllung im Rahmen fixiert und kann nicht mehr frei arbeiten, was später zum Reißen des Holzes führen kann. Wenn die Verbindungen zusammengesteckt sind, setzen Sie die Zwingen mit leichtem Druck an, kontrollieren die Tür auf Rechtwinkligkeit, und legen sie auf eine ebene Fläche, bis der Leim trocken ist. 6

Füllungen vorbeizen

Wenn Sie vorhaben, Ihre Türen zu beizen, sollten Sie die Kanten von Vollholzfüllungen behandeln, bevor Sie die Tür zusammenbauen. So kommt kein unbehandeltes Holz zum Vorschein, falls die Füllung bei schwankender Luftfeuchte schwindet. Eine einfache Methode besteht darin, die Längsholzkanten mit einem Schwammpinsel zu beizen, der eingeschnitten ist, um die Tiefe der Nut für die Füllung anzuzeigen.

Vor dem Zusammenbau beizen. Beizen Sie die Längsholzkanten der Füllung mit einem Schwammpinsel, bevor Sie die Tür zusammenbauen, um zu verhindern, dass ungebeiztes Holz sichtbar wird, wenn die Füllung schwindet.

Eine stabile, schnell zu bauende Tür

Manchmal ist die beste Tür jene, die man am schnellsten bauen kann. Dank einer Sperrholzfüllung und einigen einfachen Einstellungen an den Maschinen kann man diese Tür in Nullkommanix einhängen.

Die Verbindungen beruhen auf kurzen Zapfen und einer Sperrholzfüllung, die in den Rahmen eingeleimt wird. Im Wesentlichen wird die Tür durch die Füllung zusammengehalten, deshalb ist ein nur 12 mm langer Zapfen an dem Rahmenecken ausreichend. Alternativ kann man auch abgesetzte Nuten für die Füllung in die Längsfriese fräsen und dann den Rahmen mit losen Formfedern zusammenfügen.

1. Schneiden Sie durchgehende Nuten in alle Friese.
2. Schneiden Sie kurze Zapfen an, die in die Nuten passen.
3. Schneiden Sie aus Sperrholz eine Füllung zu, die passgenau in den Nuten sitzt.
4. Geben Sie großzügig Leim in die Nuten und auf die Zapfen, und spannen Sie die Tür dann ein. 1

Alles verleimen. Man kann eine Füllung aus Sperrholz so zuschneiden, dass sie genau in die Nuten des Rahmens passt. Besonders stabil wird die Tür, wenn man Leim in die Nuten gibt und dann die Tür zusammenbaut.

Kann lackiert werden. MDF kann genauso wie Sperrholz auch in die Nuten des Rahmens eingeleimt werden. Da die Schnittkanten von MDF sehr porös sind, empfiehlt es sich, sie vor dem Zusammenbau zu grundieren.

Falls die Tür farbig lackiert werden soll, können Sie auch MDF für die Füllung verwenden und diese dann abplatten. Es gelten die gleichen Grundsätze: Da die Füllung nicht arbeitet, kann man kurze Zapfen verwenden und die Kanten der Füllung in die Rahmennuten einleimen. 2

Tür mit Konterprofil

Amerikanische Küchenbauer verwenden gerne Türen mit Konterprofil, die sich schnell und effizient herstellen lassen, deren Profilierung an der Innenkante des Rahmens jedoch ein ansprechendes Dekorelement bildet. Bei der industriellen Herstellung werden dafür große Tischfräsen und spezielle Fräser verwendet, um die Verbindungen zu schneiden. In der kleinen Werkstatt kann man jedoch auf Fräser für die Handoberfräse zurückgreifen, die genau für diese Arbeit angeboten werden. Es stehen viele Arten von Fräsern zur Verfügung, darunter einteilige oder mehrteiliger Fräsersets, und man kann aus verschiedenen Profilen wählen, vom einfachen Viertelstab bis hin zum aufwendigen Karnies. Sie arbeiten aber alle nach dem gleichen Prinzip: Die Enden der Querfries werden ausgekehlt, sodass sie sich über das an der Innenkante der Längsfriese angeschnittene Profil schieben lassen.

Obwohl die Verbindung ein recht große Leimfläche bietet, würde ich dennoch empfehlen, die Konstruktion zu verstärken, indem man entweder eine Sperrholzfüllung verwendet, die in die Rahmen-

Fräsersatz. Der Fräser für den Viertelstab (links) schneidet ein Profil an den Innenkanten der Rahmenfriese an, während der Hohlkehlfräser (rechts) die Enden der Querfriese mit dem Konterprofil versieht.

Konterprofile – aber richtig!

Möbelhersteller bringen gewöhnlich Möbeltüren auf den Markt, deren Rahmen nur durch den 12 mm langen Nutzapfen zusammengehalten werden, der ein wesentlicher Bestandteil des Konterprofils ist. Es ist vollkommen normal, dass diese Verbindungen nicht halten, wie das Foto rechts es zeigt. Als Holzwerker können wir das besser machen. Man kann eine Verbindung auf Konterprofil mit einem Paar Dübel verstärken, um aber eine wirkliche belastbare Verbindung zu erreichen, ist es besser eine lose Feder einzusetzen. Wenn sie richtig eingepasst wird, ist eine lose Feder aus Laubholz genauso stark wie eine konventionelle Schlitz-und-Zapfen-Verbindung. Oft ist die Herstellung für den Besitzer einer kleinen Werkstatt auch einfacher.

Nicht viel dran. Diese auf Konterprofil gearbeitete Tür ging im Gebrauch entzwei. Die gerissenen Holzfasern machen deutlich, wie schwach die Verbindung von vorneherein war.

Lose Federn halten was aus. Eine auf Konterprofil gearbeitete Verbindung ist wesentlich belastbarer, wenn man eine lose Feder in Schlitze einleimt, die man in die Längs- und Querfriese eingeschnitten hat. Unten sieht man zum Vergleich eine nicht verstärkte Verbindung.

nuten eingeleimt wird, oder indem man die Verbindung mit Dübeln oder Zapfen verstärkt (siehe Kastentext oben).

Wenn man den hier abgebildeten Fräsersatz verwendet, wird das Material mit der Sichtseite auf den Handoberfräsentisch gelegt, um alle Schnitte auszuführen.

1. Rüsten Sie den Handoberfräsentisch mit dem Profilfräser auf, und schneiden Sie an die Quer- und Längsfriese das Profil an. Verwenden Sie einen Niederhalter und Schiebestock, um sicher und genau arbeiten zu können. 1 Der nächste Schritt ist sicherer durchzuführen, wenn man mit einem Rohling für die Querfriese arbeitet, der Überbreite aufweist.
2. Spannen Sie den Auskehlfräser in die Fräse ein, und stellen Sie ihn auf die richtige Höhe ein, indem Sie ihn an einem der bereits angeschnittenen Profile ausrichten. 2 Fräsen Sie eine Auskehlung an der Längskante eines extra Stücks Friesmaterial. Dieses Stück wird in die profilierte Kante des Querfrieses gesteckt, um Faserausrisse an der Austrittsstelle zu verhindern. Fräsen Sie jetzt die Auskehlung an jedem Ende der Querfriese an. 3 Breite Werkstücke wie diese lassen sich meist sicher am Fräser vorbeiführen, aber wenn die Einrichtung sie unsicher macht oder Sie

Viertelstab und Nut. Fräsen Sie den Viertelstab und die Nut für die Füllung in einem Durchgang. Die schmalen Längsfriese werden mit einem ausgeklinkten Schiebebrett am Fräser vorbeigeführt.

Fräserhöhe einstellen. Verwenden Sie eine profilierte Friese, um die Höhe des Konterprofilfräsers einzustellen. Die Schneiden am Fräser werden auf die Höhe ihrer Gegenstücke am Profil eingestellt.

Das Konterprofil anschneiden. Schneiden Sie das Konterprofil an den Enden des überbreiten Materials für die Querfriese an. Um Faserausrisse zu vermeiden, wird hinter dem Werkstück ein Stück Restholz gelegt, das bereits mit dem Konterprofil versehen ist.

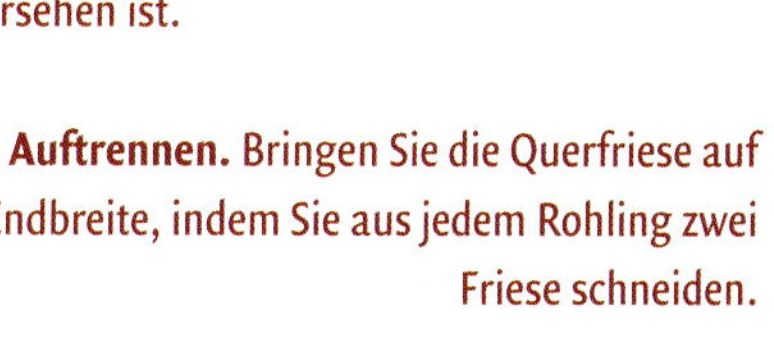

Auftrennen. Bringen Sie die Querfriese auf Endbreite, indem Sie aus jedem Rohling zwei Friese schneiden.

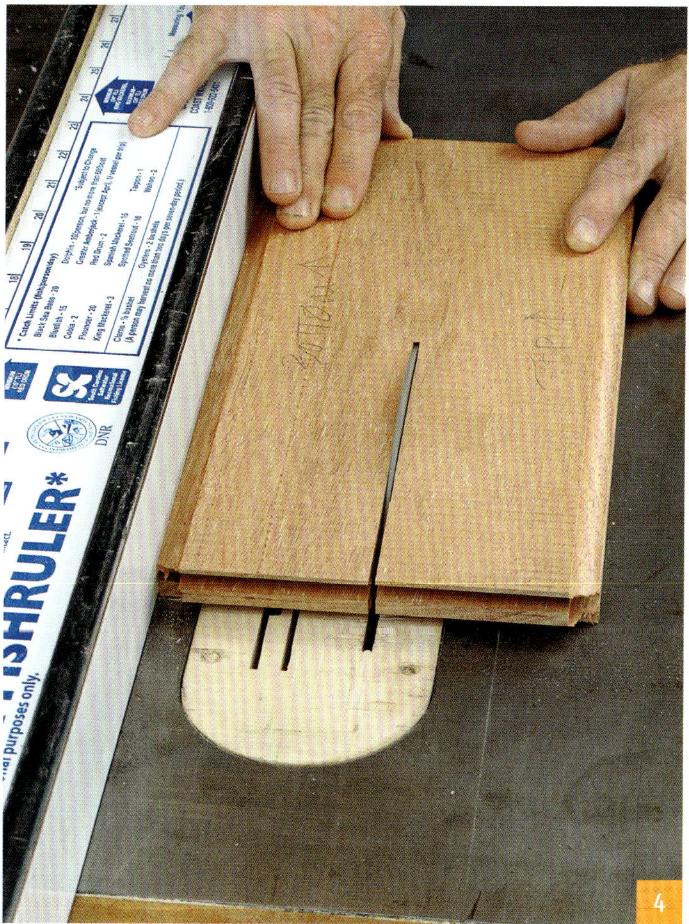

Außen und innen sauber. Die fertige Verbindung zeigt an den Türkanten das Konterprofil, während der Viertelstab an der Innenkante des Rahmens sauber auf Gehrung zusammenkommt.

mit schmalerem Material arbeiten müssen, können Sie das Werkstück mit einem Winkelanschlag oder einem großen, rechtwinkligen Stück Restholz vorschieben.

3. Schneiden Sie das ausgekehlte Material für die Querfriese an der Tischkreissäge zu einzelnen Querfriesen. 4

4. Bauen Sie die Tür zusammen. Bei einer Vollholzfüllung wird nur an die Rahmeneckverbindungen Leim angegeben, bei einer Sperrholzfüllung auch an die Kanten der Füllung. Die fertige Verbindung lässt an dem Enden der Tür die Nutzapfen und die Auskehlung erkennen, aber die Innenkanten des Rahmens zeigen ein schönes Profil und saubere Innenecken. 5 6

Rahmenecken auf Gehrung

Ein auf Gehrung gearbeiteter Rahmen gibt einer Tür ein vollkommen anderes Aussehen. Die Gehrung ist außerdem eine wertvolle Bereicherung des Entwurfsrepertoires beim Türenbau.

Problematisch ist allerdings, dass eine einfache Gehrung keine sehr belastbare Verbindung ist, sie muss auf irgendeine Art verstärkt werden, damit der Rahmen auch auf Dauer hält. Am einfachsten lässt sich eine auf Gehrung gearbeitete Tür verstärken, indem man lose Formfedern in die Verbindung einsetzt und eine Sperrholzfüllung verwendet, die in den Rahmen eingeleimt wird. 1

Eine traditionellere Verbindung, die auch die Verwendung einer Vollholzfüllung erlaubt, ist der auf Gehrung geschnittene Zapfen. Man kann diese Verbindung zwar in Handarbeit anschneiden, aber das ist umständlich und zeitaufwendig. Glücklicherweise gibt es eine einfache und dennoch genaue Methode, um sie an der Tischkreissäge auszuführen, ohne komplizierte Einstellungen vornehmen zu müssen.

1. Schneiden Sie offene Schlitze an den Längsfriesen an.
2. Stellen Sie einen 45°-Anschlag aus 20 mm starkem Sperrholz oder MDF her, und schrauben Sie ihn so am Schiebeschlitten der Tischkreissäge an, dass die Kanten des Anschlags im Winkel von 45° zum Sägeblatt stehen. Legen Sie die Längsfriese nacheinander am Anschlag an, und schneiden Sie beide Enden auf Gehrung. Richten Sie den Schnitt genau an der inneren Brüstung des Schlitzes aus. 2
3. Belassen Sie das Material für die Querfries mit etwa 25 mm Überlänge. Bringen Sie den gleichen 45°-Anschlag (oder stellen Sie ein zweites Exemplar her) an einer Zapfenschneidevorrichtung an. Spannen Sie die Querfriese in einem Winkel von 45° an der Vor-

Einfache Gehrung. Man kann einen Rahmen mit Formfedern und Leim auf Gehrung verbinden – sogar mit zwei Federn, um die Verbindung belastbarer zu machen –, wenn man eine Füllung aus Sperrholz verwendet, die man in den Rahmen einleimt.

Gehrungen mit dem Ablängschlitten anschneiden. Schrauben Sie einen Anschlag im Winkel von 45° an den Ablängschlitten für die Tischkreissäge, sodass das Sägeblatt mit der inneren Brüstung des Schlitzes fluchtet.

Die Brüstungen anschneiden. Schneiden Sie wiederum am Ablängschlitten die Brüstungen an den Querfriesen an. Das Sägeblatt wird an den Rissen ausgerichtet.

Die Zapfen winklig anschneiden. Verwenden Sie überlange Rohlinge, um die 45°-Wangen an den Querfriesen anzuschneiden. Wenn man die Tischkreissäge mit zwei Sägeblättern aufrüstet, kann man zeitsparend beide Wangen zugleich schneiden.

richtung an, und schneiden Sie die Wangen der Zapfen an jedem Ende der Querfriese an. 3

4. Arbeiten Sie am 45°-Anschlag weiter, um die Brüstungen an den Zapfen anzuschneiden. Reißen Sie eine rechtwinklige Linie über die Querfriesrohling an, um die Endlänge der Querfriese zu markieren, und sägen Sie dann die Brüstungen an, indem Sie das Sägeblatt auf die gewünschte Höhe der Brüstung einstellen und am Riss entlang schneiden. 4
5. Schneiden Sie den Zapfen an der Bandsäge auf Breite. Die Länge sollte etwas geringer als die Tiefe des Schlitzes sein. Arbeiten Sie dann die Gehrung an, indem Sie bis fast an die Brüstung schneiden. 5 Stellen Sie die Gehrung fertig, indem Sie bis zur Brüstung mit dem Beitel abstechen. Stecken Sie die Verbindung trocken zusammen, und schneiden Sie die Zapfen so zu, dass sie etwa 3 mm aus der Verbindung herausragen.
6. Verwenden Sie einen Schlitzfräser am Handoberfräsentisch, um die Nuten in den Rahmen zu schneiden. Die Nuten in den Querfriesen werden abgesetzt. Die Nuten sollten relativ flach sein – etwa 6 mm tief –, um die Zapfen so stark wie möglich zu belas-

Den Zapfen zuschneiden. Schneiden Sie den Zapfen auf Breite, und nehmen Sie dann den Großteil des Verschnitts ab, indem Sie mit der Bandsäge dicht an der Brüstung entlang sägen.

Einspannen und verkeilen. Bauen Sie den Rahmen zusammen, indem Sie die Gehrungen mit senkrecht zueinander angesetzten Zwingen zuziehen. Treiben Sie dann jeden Zapfen in seinem Schlitz auseinander, indem Sie einen Keil in ihn schlagen.

Zapfen sorgen für Belastbarkeit. Die fertige Verbindung sieht von allen Seiten gut aus, und der verkeilte Zapfen stellt sicher, dass die Gehrung auch auf Dauer geschlossen bleibt.

sen. Setzen Sie die Nuten so ab, dass sie nicht über die Enden der Zapfen hinausgehen.

7. Schneiden Sie mit der Bandsäge in die Mitte jedes Zapfens einen Schlitz, und fertigen Sie passende Keile an, so wie es für das Verkeilen eines Schubladengriffs beschrieben wurde (siehe „Gedrechselte und verkeilte Schubladengriffe" auf Seite 65).
8. Stecken Sie den Rahmen trocken zusammen, und arbeiten Sie gegebenenfalls die Verbindungen nach, um eine gute Passung zu erhalten. Dabei können Sie auch gleich ermitteln, wie Sie die Zwingen ansetzen, was in diesem Fall etwas schwieriger ist als bei einem normalen Rahmen. Wenn Sie mit dem Ergebnis zufrieden sind, geben Sie Leim an die Verbindungen, legen die Füllung in die Nuten, setzen den Rahmen zusammen, und treiben die Keile mit etwas Leim in die geschlitzten Zapfen. 6
9. Wenn der Leim trocken ist, werden die überstehenden Zapfen mit dem Rahmen bündig verputzt. 7

Glas sorgt für Klasse. Der Möbelbauer Jan Derr hat Strukturglas in seine Türen eingesetzt, um sie optisch ansprechender zu gestalten, aber auch um den Inhalt nicht so leicht erkennbar zu machen.

Einfache Glastüren

Glastüren geben jeden Schrank das gewisse Etwas und können auch praktisch sein, wenn man durchsichtiges Glas verwendet, weil dann der Inhalt hinter der Tür zu sehen ist. Man kann auch mattiertes oder strukturiertes Glas verwenden, falls das Schrankinnere erhellt werden soll, ohne dass gleich zu erkennen ist, was es beherbergt.

Man kann eine einfache Glastür herstellen, indem man für eine einzelne Glasscheibe einen Falz in die Rückseite des Rahmens fräst. Verwenden Sie einen Falzfräser mit Anlaufring, der einen 12 mm breiten Falz schneidet, und stellen Sie die Schnitttiefe auf etwa 12 mm ein, je nach Stärke des verwendeten Materials. Der Fräser hinterlässt runde Ecken, die man mit dem Beitel rechteckig nachstechen kann.

Messen Sie das lichte Innenmaß der gefälzten Rahmenöffnung, und lassen Sie einen Glaser eine Scheibe zuschneiden, die etwa 3 mm kleiner ist als diese Abmessungen. (Glas kann sich etwa ausdehnen, wofür man etwas Spielraum lassen muss.) Es gibt unterschiedliche Methoden, das Glas anzubringen. Am schnellsten und einfachsten ist es, eine Schnur Silikonkleber in den Falz zu geben und die Scheibe dann auf das Silikon zu drücken. In diesem Fall sieht die Rückseite der Tür jedoch nicht sonderlich ansehnlich aus. Ein traditionellerer Ansatz besteht darin, die Scheibe in den Falz zu legen und mit sogenannten Rahmenstiften oder Fletcher-Pfeilen (im Handel für Bilderrahmenbedarf zu erhalten) zu fixieren, die man über dem Glas in den Rahmen drückt. Dann wird Fensterkitt mit dem Spachtel aufgetragen und mit dem Glasermesser im Winkel von 45° glatt gezogen. Schließlich kann man das Glas auch sicher halten und ein sauberes Aussehen erzielen, indem man schmale Glashalteleisten aus Holz über die Scheibe legt und mit Drahtstiften in de Fälzen befestigt.

Rückseite ausfälzen. Verwenden Sie eine übergroße Grundplatte und einen Falzfräser mit Anlaufring, um den Falz an der Rückseite eines Rahmens anzuschneiden.

Rechteckig nachstechen. Die runden Ecken, die der Fräser hinterlässt, werden mit sorgfältigen Schnitten eines scharfen Stechbeitels rechteckig abgestochen.

Mit Holz absichern. Runden Sie eine Kante einer quadratischen Leiste ab, schneiden Sie Einzelstücke auf Gehrung, und heften Sie die Leisten mit dem Druckluftnagler im Falz an.

Kapitel 7

Das Einpassen und die Oberflächenbehandlung der Türen

Der große Augenblick bei Möbeltüren kommt, wenn man die Tür in den Korpus einpasst, mit den passenden Scharnieren einhängt, Türgriffe und einen Schließmechanismus anbringt. Das ist der Augenblick, in dem ein Korpus zum Leben erwacht und beginnt, wie ein wirkliches Möbelstück auszusehen.

Wenn Sie aufschlagende oder gefälzte Türen verwenden, ist das Einpassen ein Kinderspiel. Man baut die Türen einfach mit geringem Übermaß, damit man rohe Kanten schleifen und glätten kann, und hängt sie dann mit seinen Lieblingsscharnieren ein. Das sorgfältige Einpassen von einschlagenden Türen erfordert höhere Konzentration und mehr Zeit, aber der Anblick einer Tür, die genau in ihre Korpusöffnung passt, lohnt oft den zusätzlichen Aufwand.

Die Menge von Schweiß, die man beim Anbringen der Scharniere, Griffe und Verschlüsse vergießt, ist direkt abhängig von der Art der Beschläge, die man verwendet. Aufschraubscharniere sind kinderleicht zu installieren, während viele Arten von Möbelscharnieren sorgfältige Fräsarbeit im Korpus wie in der Türe erfordern und dementsprechend mehr Zeit in Anspruch nehmen, um zu einem guten Ergebnis zu gelangen. Gekaufte Türgriffe sind meist schneller anzubringen als die selbst aus Holz angefertigten Wunderwerke. Der Aufwand, den Sie betreiben, sollte im Verhältnis zu der Art von Werkstück stehen, dass sie herstellen möchten. Schlagen Sie den einfachen Weg ein, falls der Zeitaufwand wichtig ist und Sie einfach die Arbeit fertigstellen wollen. Gehen Sie die lange Strecke, falls Sie ein Möbelstück bauen wollen, das als Erbstück von Generation zu Generation weitergegeben werden soll. Es gibt eine große Auswahl an guten Beschlägen, die sich für beide Ansätze eignen und alles, was dazwischen liegt.

Türen einpassen

Aufschlagende und gefälzte Türen einzupassen ist eine einfache mathematische Aufgabe: Man baut die Tür mit etwa 1,5 mm Übergröße und verputzt dann nach dem Zusammenbau die Kanten mit dem Hobel oder der Schleifmaschine. Lassen Sie bei gefälzten Türen etwa 3 mm Spiel für jedem Falz, um sicherzustellen, dass die gefälzten Kanten nicht im Korpus klemmen, wenn die Tür eingehängt worden ist.

Eine einschlagende Tür einzupassen erfordert mehr Detailarbeiten. So wie bei einschlagenden Schubladen baue ich auch meine einschlagenden Türen genau auf das Maß der Korpusöffnung. Das bedeutet, dass sie zuerst nicht in den Korpus passen. Diese Methode erlaubt es einem, die Passung zu nachzuarbeiten, das um die Tür herum sehr schmale Fugen entstehen. Wenn es sich nicht um eine Tür in Plattenbauweise handelt, müssen Sie sich keine Sorgen wegen des Quellens und Schwindens des Holzes machen. Die umlaufende Fuge hat also allein den Zweck, die Tür in den Korpus schlagen zu lassen und einen gleichmäßigen Abstand zwischen Tür und Korpus herzustellen. Bei den meisten einschlagenden Türen ist eine Fuge von 1,5 mm oder weniger vollkommen ausreichend. Vielleicht denken Sie, dass diese Methode kaum Raum für Fehler lässt, aber das Einpassen ist nicht schwierig, wenn man in der richtigen Reihenfolge vorgeht. Der Schlüssel liegt darin, die Passarbei-

Sie passt nicht. Falls Sie Ihre Türe richtig dimensioniert haben, sollte sie zu diesem Zeitpunkt noch nicht in den Korpus passen. Stellen Sie die Tür auf ein Paar Zulagen, und halten Sie sie nötigenfalls mit Klebeband in ihrer Position.

Unterkante hobeln. Hobeln Sie die Unterkante der Tür, bis sie parallel zur Unterkante der Korpuskante verläuft, wenn man das Scharnierfries an die Seite der Korpusöffnung hält.

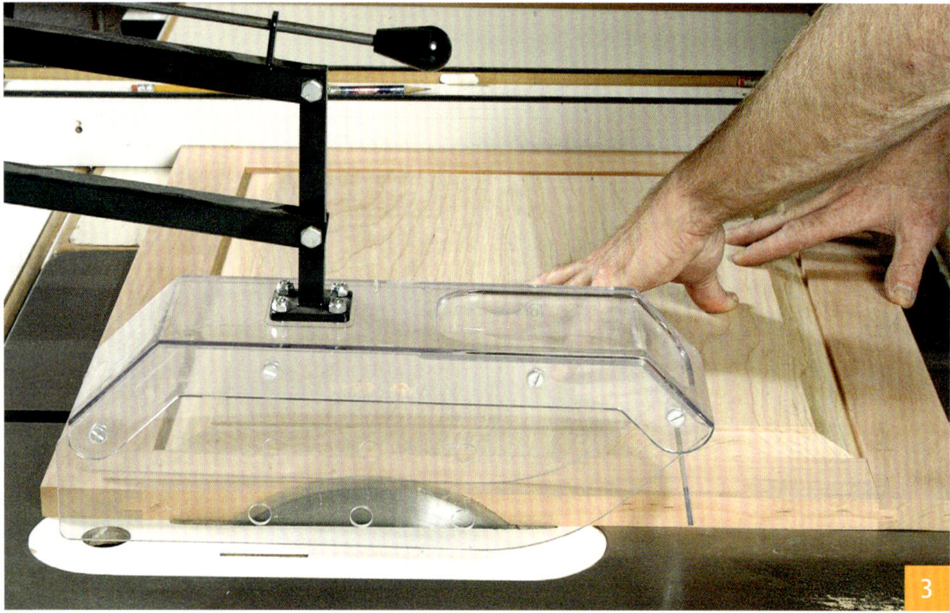

Auf Höhe schneiden. Legen Sie die Unterkante der Tür am Parallelanschlag an, und nehmen Sie etwa 0,5 mm Material an der Oberkante ab.

ten mit dem Hobel auszuführen, der es erlaubt, Holz in winzigen, gut zu kontrollierenden Mengen abzunehmen.

1. Legen Sie zuerst zwei Zulagen in der Stärke der gewünschten Fuge unten in den Korpus, und halten Sie dann die Tür gegen den Korpus. Falls die Tür überhaupt nicht in die Öffnung passt, nehmen Sie etwas Material von einem der Längsfriese ab, entweder mit einem Schnitt an der Tischkreissäge oder mit einigen Hobelstößen. Zu diesem Zeitpunkt sollte die Tür oben noch nicht in den Korpus einschlagen. 1

Clever arbeiten

Kleine Quadrate aus Kunststofflaminat, die man an der Tischkreissäge oder Kappsäge zuschneidet, sind sehr gute Zulagen, um Türen einzupassen. Das Laminat für Küchentresen ist weniger als 1,5 mm stark und deshalb perfekt für die meisten umlaufenden Fugen bei Türen.

2. Lassen Sie die Tür auf den Zulagen, und kontrollieren Sie die Fuge am inneren (Scharnier-) Längsfries. Vermutlich verjüngt sich die Fuge, was bedeutet, dass entweder die Tür oder der Korpus nicht vollkommen rechtwinklig ist. Notieren Sie den Grad der Verjüngung, und schneiden Sie an der Hobelbank mit dem Hobel die gleiche Verjüngung an, aber von der entsprechenden Stelle an der Unterkante der Tür – nicht von der Seite. 2 Prüfen Sie beim Hobeln wiederholt die Passung.
3. Wenn die Fugen am inneren Längsfries und am unteren Querfries gleich breit sind, arbeiten Sie das obere Querfries der Tür so nach, dass eine Fuge von etwa 0,5 mm entsteht. Wenn die oberen und unteren Kanten der Korpusöffnung parallel sind, kann man die Tür an der Tischkreissäge beschneiden, indem man ihre Unterkante am Parallelanschlag anlegt. 3 Andernfalls wird mit dem Hobel eine entsprechende Verjüngung angestoßen. Halten Sie das innere Längsfries dicht an die Korpusöffnung, und kontrollieren Sie, ob die obere Fuge auf ganzer Länge gleichmäßig breit ist und genauso breit wie die untere Fuge. 4
4. Als Nächstes müssen meist die Fugen an den Seiten der Tür verbreitert werden, um die Scharniere anbringen zu können. Falls Sie die Tür aber zu schmal gebaut haben und die Fuge mehr als 1 mm breit ist, dann überspringen Sie diesen Schritt und machen mit dem nächsten weiter.

Nochmal kontrollieren. Halten Sie die Tür wieder mit dem Scharnierfries gegen den Korpus, und prüfen Sie die Breite der oberen Fuge.

Spielraum für die Scharniere. Nehmen Sie mit kräftigen Hobelstößen etwa 1,5 mm Holz am Scharnierfries ab.

Immer noch zu stramm. Hängen Sie die Tür im Korpus ein, und notieren Sie sich die Breite der Fuge und eine eventuelle Verjüngung der Fuge.

5. Platz für die Scharniere zu schaffen, wird zuerst genug Material vom inneren Längsfries abgenommen, um eine kombinierte Fugenbreite von etwa 1 mm zu erreichen. Das kann man entweder an der Tischkreissäge oder mit relativ kräftigen Hobelstößen ausführen. 5
6. Bringen Sie die Scharniere an (siehe „Scharniere anbringen“ auf Seite 146), und kontrollieren Sie die Fuge am äußeren Längsfries. In den meisten Fällen ist die Fuge zu diesem Zeitpunkt noch zu schmal und verjüngt sich vielleicht auch noch geringfügig. 6 Nehmen Sie die Tür in diesem Fall aus dem Korpus und hinterschneiden Sie das äußere Längsfries etwas. Korrigieren Sie dabei zugleich eine etwaige Verjüngung, und bringen Sie die Fuge auf eine gleichmäßige Breite. 7
7. Hängen Sie die Tür wieder ein, und kontrollieren Sie die Fugen. Die eingehängte Tür sollte ringsum einen gleichmäßigen Abstand von 1,5 mm oder weniger zur Korpusöffnung aufweisen. 8

Hinterschneiden. Arbeiten Sie mit dem Hobel eine Hinterschneidung von nur ein oder zwei Grad an die Kante an, damit sich die Tür leicht schließen lässt, ohne an die Innenkante der Korpusöffnung zu stoßen.

Ringsum gut. Eine gute eingepasste Tür sollte auf allen vier Seiten eine gleichmäßig breite Fuge zum Korpus aufweisen.

Blendrahmen mit Scharnieren versehen

Falls Ihr Möbelstück Blendrahmen hat, ziehen Sie es vielleicht vor, die Türen in den Rahmen einzuhängen, bevor Sie diese am Korpus anbringen. Das macht die Montage der Türen einfacher, weil man die Werkstücke flach auf eine Werkbank legen kann, um die Türen einzupassen und die Scharniere anzubringen. Allerdings hängt der Erfolg dieses Verfahrens davon ab, dass die Blendrahmen stabil sind und mit Schlitz und Zapfen oder einer anderen belastbaren Verbindung gearbeitet sind, die eventuell auftretenden Scherkräften wiederstehen kann.

Erst die Türen dann der Korpus. Bei Möbelstücken mit Blendrahmen kann man die Türen einpassen und einhängen bevor man den Rahmen am Korpus anbringt, was ein bequemeres Arbeiten auf einer waagerechten Tischfläche ermöglicht.

Den Versatz der Scharniere ermitteln

Der richtige Versatz der Scharniere reduziert die Entfernung, um welche die Rolle herausragt und verhindert zugleich, dass die Tür klemmt, wenn sie geöffnet wird.

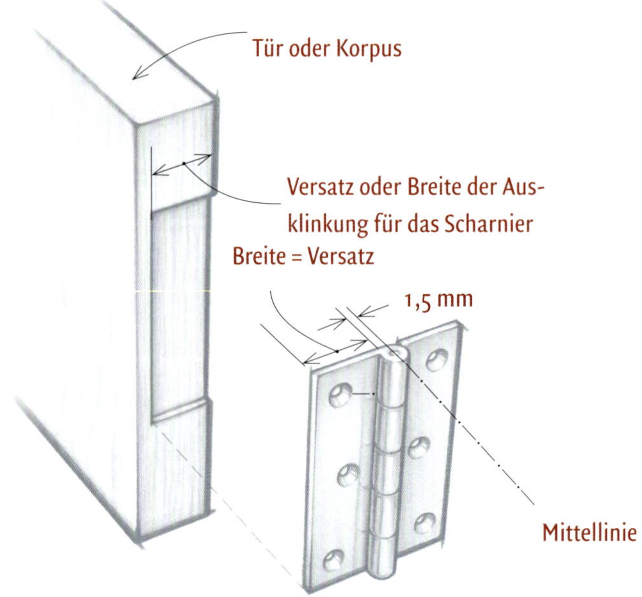

Um den richtigen Versatz zu ermitteln, misst man die Entfernung von der Längskante eines Lappens bis zur Mitte der Rolle und subtrahiert 1,5 mm.

Scharniere an Türen anbringen

Nachdem die Tür in die Korpusöffnung eingepasst worden ist, müssen als Nächstes die Positionen der Scharniere an Korpus und Tür angerissen werden. Im Allgemeinen können Scharnierpaare so angebracht werden, dass sie einige Zentimeter von der Ober- und Unterkante der Tür entfernt sitzen. Einen optisch einheitlichen Effekt erreicht man, wenn sie mit den Innenkanten der Querfriese fluchten. Wenn die Tür besonders hoch oder schwer ist, sollte man möglichst ein drittes Scharnier vorsehen. Diese kann in der Mitte der Tür angebracht oder einige Zentimeter nach oben versetzt werden, um die größeren Kräfte aufzunehmen, die am oberen Teil der Tür wirken.

Sie müssen auch den Versatz für die Scharniere ermitteln. Damit ist die Entfernung gemeint, um welche der Lappen eines Scharniers in den Korpus oder die Tür ragt. Wenn Sie den Versatz ermittelt haben, können Sie die Ausklinkungen für die Scharnierlappen schneiden.

Im Normalfall wird für jeden Lappen eine Ausklinkung in den Korpus und die Tür geschnitten. Ihre Tiefe entspricht der Materialstärke der Lappen, kann aber bei bestimmten Scharnieren davon auch abweichen.

Bei Scharnieren mit besonders dünnen Lappen oder sehr starken Gewerben müssen die Ausklinkungen etwas tiefer geschnitten werden, damit die Fuge nicht zu breit wird. Im Zweifelsfall sehen Sie sich das Scharnier genauer an. Klappen Sie es zusammen, sodass die Lappen parallel zueinander liegen. Falls der Abstand zwischen den Lappen zu groß ist, müssen Sie die Ausklinkungen tiefer schneiden. Prüfen Sie die Tiefe der Ausklinkung an zwei Stücken Restholz, in die Sie die Scharniere provisorisch einsetzen, um die Fuge beurteilen zu können.

Ausklinkungen in einen zusammengebauten Korpus zu stemmen oder zu fräsen, kann eine schwierige Arbeit sein. Oft ist es deshalb empfehlenswert, die Ausklinkung schon vor dem Verleimen in den Korpus zu schneiden. Nach der Montage des Korpus und dem Einpassen der Tür können dann die Positionen der Ausklinkungen auf die Tür übertragen werden.

Auflegen. Aufschraubscharniere wie diese Beispiele in Schmetterlingsform sind am einfachsten zu montieren, weil man sie einfach auf die Tür und den Korpus legt und dann die Schrauben eindreht.

Aufschraubbänder

Aufschraubbänder sind bei Weitem am einfachsten anzubringen. Man legt sie auf die Fläche der Tür und des Korpus und muss dann nur die beiden Teile so aneinander ausrichten, dass die Fuge die richtige Breite aufweist.

1. Passen Sie die Tür ein, und legen Sie sie dann (je nach Bauart) auf oder in den Korpus. Legen Sie die Bänder so auf, dass der Mittelpunkt des Gewerbes mittig über der Fuge liegt.
2. Schrauben Sie zuerst die Lappen an der Tür an – jeweils nur eine Schraube pro Lappen. Bohren Sie Führungslöcher für die Schrauben, und geben Sie etwas Bienenwachs oder Paraffin an, bevor Sie sie eindrehen. Legen Sie dann passende Zulagen zwischen Tür und Korpus, und befestigen Sie (auch wieder nur mit einer Schraube) die Lappen am Korpus.
3. Kontrollieren Sie den Sitz der Tür. Falls kleinere Veränderungen notwendig sind, lösen Sie die Schrauben entweder am Korpus oder an der Tür, justieren die Tür, und drehen die verbliebenen Schrauben ein. Ziehen Sie dann die zuerst eingedrehten Schrauben wieder fest. 1

Clever arbeiten

Bei normalen Möbelscharnieren muss man während der Montage einiges an Hin und Her einplanen, die Tür muss mehrmals eingehängt und wieder ausgehängt werden. Wenn Sie eine ganze Anzahl von Türen einhängen müssen, sollten Sie an die Verwendung von aushängbaren Scharnieren denken, bei denen man den Stift aus der Rolle nehmen kann, sodass sich die Gewerbe einfach trennen lassen, ohne Schrauben ausdrehen zu müssen.

Einfache Möbelscharniere

Traditionelle Möbelscharniere werden entweder in die Tür und den Korpus oder nur in die Tür eingelassen, je nachdem wie stark die Lappen sind. Eine Alternative zu diesen Scharnieren ist das Aufschraub-Möbelscharnier, dessen Lappen so dünn sind, dass sie entweder ineinander oder aufeinander liegen, wenn die Tür geschlossen ist, sodass man das Scharnier an der Innenseite der Tür und des Korpus anschrauben kann. Die folgende Installationsmethode kann für die Ausklinkung sowohl am Korpus als auch an der Tür angewendet werden.

Keine aufwendige Ausklinkung. Die Gewerbe dieser Aufschraubmöbelscharnier liegen zusammengeklappt nebeneinander, sodass man sei einfach auf die Tür und den Korpus aufschrauben kann, ohne dass eine unansehnliche Fuge entsteht.

Türhaltevorrichtung

Diese einfachen Halterungen aus Holz und Stahl werden mit dünnen Lochblechen hergestellt (im Baumarkt zu erhalten), mit denen normalerweise Holzteile im Trockenbau verbunden werden. Die Halterungen erlauben es, eine Tür einzupassen und mit Scharnieren zu versehen, während sie waagerecht auf der Werkbank liegt, was die Arbeit vereinfacht. Man benötigt für jede Tür zwei Halterungen, es empfiehlt sich also, mindesten vier Stück anzufertigen, damit man gegebenenfalls auch für Flügeltüren gerüstet ist. Die Teile werden von Schrauben zusammengehalten, die in die versenkten Löcher der Lochbleche gedreht werden. Wichtig ist nur, dass man die Halterung so herstellt, dass sie eine Tür gegebener Stärke bündig mit dem Korpus hält.

Hilfe ohne helfende Hände. Diese selbst angefertigten Halterungen halten die Tür in waagerechter Lage, sodass man eine Tür einpassen und mit Scharnieren versehen kann, die flach auf der Werkbank liegt.

Türhalterung

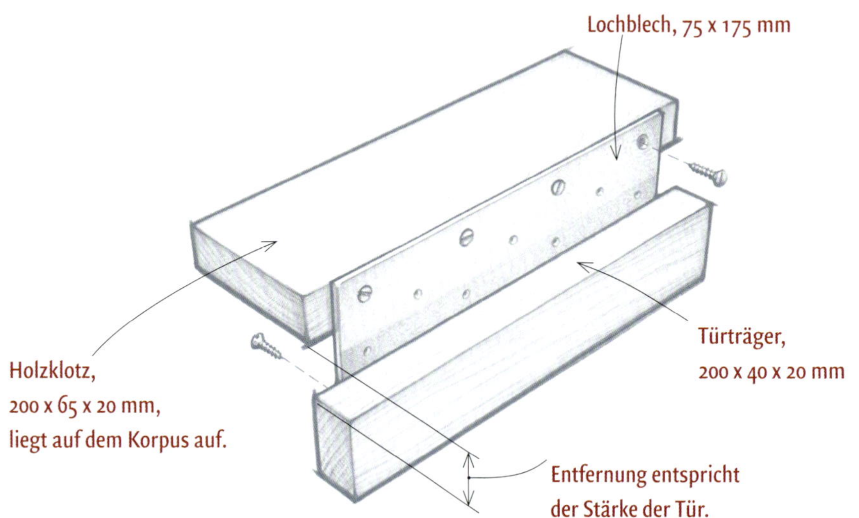

Umriss mit dem Messer übertragen. Der Umriss des Scharnierlappens wird mit einem scharfen Messer auf das Werkstück übertragen.

Einfache Tiefenermittlung. Die richtige Tiefe für die Ausklinkung ermittelt man, indem man einen Lappen neben den eingespannten Fräser hält, und dann die Schnitttiefe so verändert, dass die Schneide mit der Oberfläche des Lappens fluchtet.

Innerhalb der Risse fräsen. Führen Sie die Handoberfräse freihändig, und schneiden Sie knapp innerhalb der Risse. Eine Hand an der Grundplatte führt die Fräse zuverlässig, während man fräst.

1. Legen Sie das Scharnier mit dem richtigen Versatz auf das Bauteil, halten Sie es sicher, und übertragen Sie mit einem scharfen Messer den Umriss auf das Holz. 1
2. Rüsten Sie eine kleine Handoberfräse (ideal ist eine Kantenfräse) mit einem Nutfräser auf, und stellen Sie die Schnitttiefe auf die Stärke eines Scharnierlappens ein (falls die Lappen besonders dünn sind, etwas tiefer). 2
3. Fräsen Sie freihändig so dicht an die Risse, wie sie es sich zutrauen. Sie sollten bis auf einen Millimeter oder weniger an die Risse fräsen können, da Sie nur wenig Holz abnehmen und nur geringe Kräfte auf die Handoberfräse wirken. Achten Sie darauf, die Handoberfräse nicht zu kippen, damit die Ausklinkung gleichmäßig tief wird. 3 Stechen Sie die Brüstungen der Ausklinkung mit dem Beitel ab, zuerst an den Schmalkanten,

Am Riss einstechen. Stechen Sie die Brüstungen der Ausklinkung mit dem Beitel frei, zuerst die beiden Enden, dann die hintere lange Brüstung. Schneiden Sie vorsichtig bis zum Riss, und führen Sie dann einen letzten senkrechten Schnitt direkt auf dem Riss aus.

Bündig eingepasst. Ein gut eingepasstes Möbelscharnier liegt dicht an den Brüstungen der Ausklinkung an und sitzt bündig in der Tür und im Korpus.

dann sorgfältig an der hinteren Kante. Arbeiten Sie mit kleinen Schnitten bis an den Riss, und setzen Sie dann für den letzten Schnitt die Schneide des Beitels genau in den Riss und stechen nach unten ein. 4

4. Bohren Sie jeweils in den Korpus und die Tür ein Führungsloch für eine Schraube in jedem Lappen. Bringen Sie das Scharnier an der Tür an, und hängen Sie dann die Tür im Korpus ein.

Kontrollieren Sie den Sitz der Tür. Falls Sie Veränderungen vornehmen müssen, gehen Sie genauso vor wie beim Anbringen eines Aufschraubbandes, indem Sie zuerst nur einen Satz Schrauben eindrehen, bevor Sie alle anziehen. Wenn Sie mit dem Sitz der Tür zufrieden sind, bringen Sie die restlichen Schrauben an. 5

Topfscharniere

Topfscharniere sind große und relativ unansehnliche Beschläge. Sie sind allerdings nur auf der Innenseite des Korpus zu sehen und werden deswegen oft auch in hochwertigen Möbeln verwendet. Ich ziehe dennoch weniger auffällige Scharniere vor, und setze bei meinen besten Arbeiten Zapfenbänder oder Möbelscharniere ein. Topfscharniere sind eine vernünftige Wahl für Küchenschränke, weil man beim Küchenbau oft viele Türen einzuhängen hat und sich niemand allzu sehr mit dem Aussehen des Schrankinneren beschäftigen wird. Der große Vorteil des Topfscharniers liegt in der einfachen Anbringung und der Möglichkeit, sie nachträglich unkompliziert und präzise zu justieren. Es gibt Varianten für ein-

Sacklöcher für die Topfscharniere. Verwenden Sie die Ständerbohrmaschine, um die Löcher für die Topfscharniere in der richtigen Tiefe zu bohren. Arbeiten Sie mit einer Anlage, die an der Unterseite ausgefälzt ist, um Platz für die Bohrspäne zu lassen.

Mit Zulagen bündig setzen. Wenn der Blendrahmen eines Möbels über die Außen- oder Trennwand des Korpus hinausragt, bringt man Holzklötze als Zulagen im Korpus an, damit die Platte des Scharniers mit dem Blendrahmen fluchtet.

Rechtwinklig ausrichten und mittig bohren. Verwenden Sie einen Winkel, um das Scharnier rechtwinklig zur Türkante auszurichten, und bohren Sie mit einem selbstzentrierenden Bohrer Führungslöcher durch das Scharnier in die Rückseite der Tür.

schlagende, aufschlagende und gefälzte Türen. Es gibt Topfscharniere, die direkt an einem Korpusblendrahmen oder im Inneren des Korpus angebracht werden.

Man benötigt einen Fräser oder einen Forstnerbohrer mit 35 mm Durchmesser, mit dem man an der Ständerbohrmaschine das flache Sackloch für das Scharnier bohrt. Alternativ gibt es auch kommerzielle Schablonen, mit denen man einen 35-mm-Bohrer in der handgeführten Bohrmaschine verwenden kann.

1. Spannen Sie einen Anschlag am Arbeitstisch der Ständerbohrmaschine an, um die Kante der Tür in der richtigen Entfernung vom Bohrer auszurichten. (Den richtigen Abstand finden Sie in der Montageanleitung des Herstellers.) Stellen Sie den Tiefenanschlag auf die richtige Bohrtiefe ein, meist sind das 12 mm. Reißen Sie Mittellinien auf dem Längsfries der Tür an, halten Sie die Tür fest gegen den Anschlag, und bohren Sie an der Markierung. 1 (Bilder für diesen Vorgang s. S. 151)
2. Richten Sie an der Hobelbank das Topfscharnier mit dem Tischlerwinkel an der Kante der Tür aus, und bohren Sie mit einem selbstzentrierenden Bohrer Führungslöcher für die Schrauben. 2 Befestigen Sie das Topfscharnier mit Schrauben an der Tür.
3. Hängen Sie die Tür ein, indem Sie sie an den Korpus halten und die Lage der Scharniergrundplatte auf den Korpus übertragen. Nehmen Sie die Grundplatte vom Topfscharnier ab, und bringen Sie es mit Schrauben am Korpus an. Falls Sie Topfscharniere verwenden, die im Korpus angebracht werden sollen, Ihr Korpus jedoch einen Blendrahmen aufweist, bringen Sie einfach mit Leim und Nägeln Halteklötze an der Korpusseitenwand an, sodass die Grundplatte mit der Öffnung im Korpus fluchtet. 3
4. Wenn die Tür eingehängt ist, kann man ihre Lage in der Korpusöffnung genau einstellen. Die Tür lässt sich ohne großen Zeitaufwand nach oben und unten, vor und zurück und von Seite zu Seite verstellen. Man kann dafür einen einfachen Kreuzschlitzschraubendreher verwenden, aber die meisten Topfscharniere haben Pozidriv-Schrauben, für die man dann auch besser den passenden Schraubendreher einsetzen sollte, weil der einen besseren Kraftschluss ermöglicht und den Schraubenkopf nicht beschädigt.

Klavierbänder

Das Klavierband ist eines der belastbarsten Scharniere, die man im Möbelbau verwenden kann. Es ist im Prinzip ein langes Möbelscharnier mit einem langen, durchgehenden Stift und zahlreichen Befestigungsschrauben, das sich besonders für große oder sehr schwere Türen eignet. Kleine Klavierbänder können am Korpus und der Tür aufgeschraubt werden. Größere Exemplare, bei denen die Lappen 15 mm breit oder breiter sind, müssen in die Tür eingelassen werden, um keine hässliche, breite Fuge zwischen Tür und Korpus entstehen zu lassen.

1. Anstatt in eine Ausklinkung wird das Klavierband in einen Falz eingelassen, der auf ganzer Länge in die Tür geschnitten wird. Um die richtige Tiefe für den Falz zu ermitteln, wird das Klavierband geschlossen, sodass die Lappen parallel liegen, und dann

Richtig fälzen. Schließen Sie das Klavierband, sodass die Lappen parallel liegen, und kontrollieren Sie, ob die Falztiefe der Stärke eines Lappens zuzüglich des Rollendurchmessers entspricht.

Eine Seite ausgeklinkt. Schrauben Sie einen Lappen in die Ausklinkung in der Türkante ein und die andere auf die Korpusseite auf.

Belastbar, aber umständlich. Dieses Einbohrscharnier trägt auch schwere Türen und sieht zudem recht elegant aus. Aber solche sogenannten Soss-Scharniere erfordern mehrstufige Ausklinkungen als Aufnahme.

wird die Stärke eines Lappens zuzüglich des Durchmessers des Stifts gemessen. Schneiden Sie den Falz auf diese Tiefe. 1 Ich schneide den Falz meist an der Tischkreissäge mit einem Nutsägeblatt, man kann aber auch eine Handoberfräse mit Nutfräser und Parallelanschlag verwenden.

2. Bohren Sie Führungslöcher für die Schrauben, und bringen Sie das Klavierband an der Tür an, indem Sie einen Lappen im Falz anschrauben. Hängen Sie die Tür ein, indem Sie den anderen Lappen auf dem Korpus aufschrauben. 2

Clever arbeiten

Klavierbänder lassen sich leicht mit der Metallsäge auf Länge schneiden. Schließen Sie das Klavierband, spannen Sie es in einem Schraubstock ein, und reißen Sie die Sägelinie so an, dass sie auf eine der Fugen in der Rolle fällt. Glätten Sie die Sägegrate mit einer feinen Feile.

Einbohrscharniere

Einbohrscharniere werden in die Kanten der Tür und des Korpus eingelassen. Sie sind eine gute Wahl, wenn der Beschlag weder von außen noch im Inneren des Korpus zu sehen sein soll. Sie sind auch sehr gut für Falttüren geeignet, die paarweise mit Scharnieren verbunden werden (siehe Seite 110). Eine Variante, die meist als Soss-Scharnier bezeichnet wird, erfordert eine mehrstufige Ausklinkung zur Anbringung und bietet nur geringe oder überhaupt keine Einstellmöglichkeiten nach der Montage. Ein einfaches Einbohrscharnier ist sehr viel einfacher anzubringen, erfordert aber auch sorgfältige Positionierung, da wie beim Soss-Scharnier nur bedingt einstellbar ist. Die folgende Montageanleitung bezieht sich auf Flügeltüren, aber grundsätzlich kann man bei Einzeltüren genauso vorgehen.

1. Spannen Sie zwei Türen so zusammen, dass die Enden fluchten, und reißen Sie die Lage des Scharniers an, indem Sie eine Linie im rechten Winkel über die Kanten der Türen ziehen. Für die im Bild gezeigten Scharniere habe ich einen passenden Spatenbohrer verwendet, um eine Bohrung entsprechend dem Durchmes-

Seite an Seite. Die beiden Türen werden bündig miteinander eingespannt, dann reißt man eine senkrechte Linie über beide Kanten und bohrt mit einem Spatenbohrer Löcher für das Scharnier. Die richtige Bohrtiefe ist erreicht, wenn das Klebeband die Bohrspäne vom Holz fegt.

Dehnt sich aus, bis es fest sitzt. Stecken Sie die beiden Teile des Scharniers so ein, dass sie mit dem umgebenden Holz fluchten, und drehen Sie dann die Schrauben, bis das Scharnier stramm in den Bohrungen sitzt.

ser der Scharnierteile zu erhalten. Bringen Sie ein Stück Klebeband als Bohrtiefenmarkierung an, und bohren Sie möglichst senkrecht zur Kante der Tür. 1

2. Bringen Sie das Scharnier in den Kanten beider Türen an, indem Sie es bündig mit der Holzkante einklopfen und dann die Schraube im Scharnier drehen, damit sich das Scharnier im Bohrloch ausdehnt. 2

Zapfenbänder

Das Zapfenband wird manchmal als der Rolls-Royce unter den Türscharnieren bezeichnet. Auf jeden Fall verleihen Sie jeder Schatulle und jedem Möbelstück einen Hauch von Eleganz, seidenweiches Öffnen und Schließen und die Aura eines kleinen Schmuckstücks. Es gibt zwei unterschiedliche Arten: Einfache für aufschlagende Türen und Eckzapfenbänder für einschlagende Türen. Ich arbeite am liebsten mit zweiteiligen Zapfenbändern, bei denen sich die beiden Teile auseinandernehmen lassen, was die Montage erleichtert.

1. Schneiden Sie die Ausklinkungen für die Zapfenbänder vor dem Zusammenbau in den Korpus. Der Vorgang beim Anreißen und Schneiden ist der gleiche wie bei einem Möbelscharnier und wurde an entsprechender Stelle in diesem Kapitel bereits beschrieben.
2. Beim Einpassen der Tür muss man darauf achten, dass die Fugen zwischen Ober- und Unterkante der Tür und dem Korpus der Stärke der Unterlegscheibe im Zapfenband entspricht. Falls Sie die Tür etwas zu kurz gearbeitet haben, können Sie das mit dünnen Zulagen aus Furnier oder Papier korrigieren, die Sie passend

Clever arbeiten

Bei der Wahl von Zapfenbänder muss man beachten, dass sie sich je nach angeschlagener Türkante unterscheiden: Es gibt rechte und linke Zapfenbänder für rechts beziehungsweise links angeschlagene Türen.

Zwei Arten Zapfenbänder

Gerade

Wird für aufschlagende Türen verwendet.

Gekröpft

Wird für einschlagende Türen verwendet

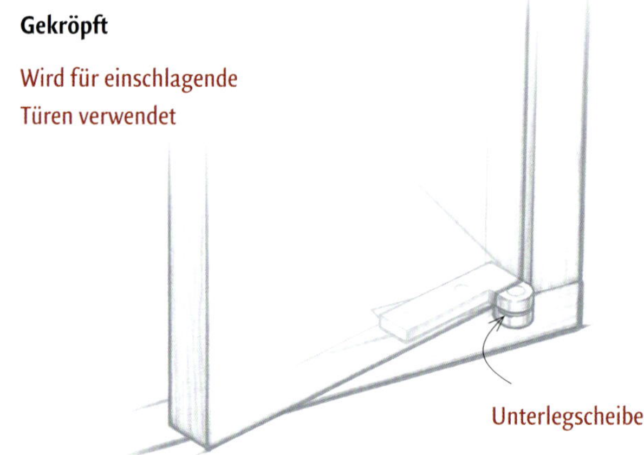

Mit einem Bohrer in Stellung bringen. Ziehen Sie den Lappen des Zapfenbandes nach innen gegen einen Bohrer, dessen Durchmesser die Hälfte des Zapfenloches beträgt. Übertragen Sie dann mit einem scharfen Messer den Umriss des Lappens auf das Holz.

Glatt und glänzend. Ein gut eingepasstes Zapfenband sitzt bündig in den Ausklinkungen in der Tür und im Korpus und wirkt von außen wie ein Schmuckstück.

zuschneiden und unter die Bänder legen. Ein einfaches Zapfenband wird an der Tür angerissen, indem man einen Bohrer, dessen Durchmesser etwas mehr als die Hälfte des Zapfendurchmessers beträgt, mit Klebeband an der Türkante anbringt. Stecken Sie das Band auf den Bohrer, ziehen Sie es in Richtung der Türmitte, und übertragen Sie mit einem Messer den Umriss des Bands auf das Holz. 1 Schneiden Sie die Ausklinkung genauso wie die im Korpus.

3. Schrauben Sie die Bänder in Ausklinkungen im Korpus, drücken Sie die jeweils anderen Hälften auf den Zapfen, und schieben Sie dann die Tür zwischen die Bänder im Korpus. Drehen Sie wie bei Möbelscharnieren zuerst nur eine Schraube pro Zapfenband ein, und kontrollieren Sie dann, wie die Tür sitzt. Justieren Sie die Lage der Tür, indem Sie eine oder beide der Ausklinkungen in der Tür mit dem Stechbeitel verlängern, und drehen Sie dann die restlichen Schrauben ein. 2

Türgriffe

Das I-Tüpfelchen jeder Tür ist der Griff. Es gibt eine unglaubliche Auswahl an kommerziell erhältlichen Türgriffen und -knöpfen in einer Vielzahl von Stilen, aus verschiedenen Materialien einschließlich Metall, Holz und sogar Stein. Manche Holzwerker ziehen es vor, ihre eigenen Griffe herzustellen, eine Alternative, die sehr viel dazu beiträgt, einem Möbelstück einen eigenen Stil zu geben.

Man kann das gleiche Verfahren anwenden wie bei dem gedrechselten Schubladengriff in Kapitel 3 (siehe Seite 65), und einen Griff mit Zapfen drehen, der durch die Tür gesteckt und von hinten verkeilt wird. Man kann aber auch Griffe in jeder beliebigen Form schnitzen, sie hinten mit einem runden Zapfen versehen und dann genauso verkeilen wie einen gedrechselten Griff.

Griffe kaufen. Kommerzielle Möbeltürgriffe gibt es in verschiedenen Stilen, Formen und Materialien, darunter auch eloxiertes Metall (links), viele Arten von Holz und Naturstein (rechts).

Griffe mit angenehmen Griff. Diese geschnitzten Griffe eigener Herstellung verjüngen sich etwas nach innen und liegen deshalb gut in der Hand.

Sanft und sicher. Der Zapfen des Griffs reicht durch das Türfries und ist von hinten verkeilt. Er steht etwas über die Holzfläche vor und ist sanft abgerundet, um einen Kisseneffekt zu erzeugen.

Maserknollengriffe

Eine der einfachsten Methoden, einen Griff anzubringen, besteht darin, ihn von hinten anzuschrauben. Die Vorderseite der Tür kann man extravagant gestalten, wenn man als Griffmaterial Maserknollenholz verwendet, dessen auffallende Maserung und Struktur sich perfekt für kleine Gegenstände wie Griffe eignet.

1. Schneiden Sie die Maserknolle an der Band- oder Tischkreissäge auf eine gut zu bearbeitende Stärke von etwa 12 mm. Schneiden Sie an jedem Ende eine leichte Schräge an, und schleifen Sie die Sägeflächen dann glatt.
2. Bohren Sie Durchgangslöcher für die Schrauben durch die Tür, und versenken Sie sie an der Rückseite. Geben Sie Leim an die Rückseite der Griffe, und drehen Sie von der Innenseite der Tür schrauben in die Griffe.
3. Griffe aus Maserknolle wirken besonders gut als Paar, vor allem wenn sie nacheinander aus der gleichen Knolle geschnitten wurde. 1 Vergessen Sie nicht, alle scharfen Spitzen und Erhebungen, wie sie bei Maserknollen häufig vorkommen, sorgfältig zu schleifen, damit die Griffe angenehm in der Hand liegen.

Rau, aber raffiniert. Dieses Griffpaar wurden nebeneinander aus einem einzigen Stück Ahornmaserknolle geschnitten. So ergänzen sich ihre natürlichen Formen gegenseitig.

Griffe für Schiebetüren

Bei einer Tür, die hinter eine andere geschoben wird, muss der Griff so gestaltet werden, dass man ihn auch dann ergreifen kann, wenn die Tür eingeschoben ist. Dieser Drehgriff ist die perfekte Lösung.

1. Schneiden Sie einen rechtwinkligen Schlitz in das entsprechende Längsfries der Tür, bevor Sie die Tür zusammenbauen. Hinterschneiden Sie das obere Ende des Schlitzes geringfügig mit einem Lochbeitel. 1 Eine Hinterschneidung von etwa 10 Grad ist ausreichend.

Ein Ende hinterschneiden. Schneiden Sie am oberen Ende des Schlitzes nach innen ein, damit der Griff sich frei im Schlitz drehen kann.

2. Schneiden Sie das Material für den Griff so stark zu, dass es leicht in den Schlitz passt, und sägen Sie die Form an der Bandsäge zu. 2 Schneiden Sie an der hinteren Kante des Griffs eine Verjüngung an, die so stark ist, dass der Griff nicht an die hintere Wandung des Schlitzes stößt, wenn man ihn betätigt.
3. Stecken Sie den Griff in den Schlitz, und bohren Sie ein Loch durch das Längsfries der Tür und den Griff, in das eine Rundstange mit 3 mm Durchmesser passt. 3
4. Bohren Sie am oberen Ende des Griffs ein Loch in dessen Kante, um einen Holzzapfen aufzunehmen. Stützen Sie dabei den Griff mit einem Stück Restholz, dass im passenden Winkel zugeschnitten ist. 4 Leimen Sie einen Zapfen aus kontrastierendem Holz in das Loch, und schneiden Sie das hervorstehende Ende mit dem Stechbeitel kuppelförmig zu. 5

Funktionsgerechte Form. Schneiden Sie ein Stück Holz auf die Länge des Schlitzes und etwas breiter als die Schlitztiefe. Schneiden Sie dann an der Bandsäge eine lange Gehrung am hinteren Ende der oberen Kante an, und einen Haken an der unteren Kante.

Bohrung für einen Holznagel. Stecken Sie den fertigen Griff in den Schlitz, sodass seine Außenkante parallel zum Längsfries liegt, und bohren Sie durch Längsfries und Griff ein Loch für einen 3-mm-Holznagel.

Bohrung für eine Längsholzscheibe. Bohren Sie mit eine Forstner-Bohrer ein flaches Sackloch in die Sichtseite des Griffs. Die Gehrung am Ende des Griffs wird mit einem entsprechend zugeschnittenen Stück Restholz abgestützt.

Wie ein Knopf geformt. Leimen Sie eine Längsholzscheibe in das Sackloch (ich habe Kirschholz verwendet, das mit dem Ahorn des Griffs konstrastiert), und formen Sie das Ende mit dem Stechbeitel zu einem Knopf.

Clever arbeiten

Das beste Material für kleine Holznägel ist Bambusholz, weil es sich durch sehr hohe Bruchfestigkeit auszeichnet. Glücklicherweise ist Bambus leicht zu erhalten, weil es in den meisten Supermärkten in Form von Grillspießen verkauft wird, meist mit einem Durchmesser von 3 mm.

Drücken, dann ziehen. Wenn man auf den Knopf drückt, schiebt sich der untere Teil des Griffs heraus und kann mit den Fingern ergriffen werden.

5. Stecken Sie den Griff in den Schlitz, leimen Sie die Rundstange ein, und bringen Sie die Tür im Korpus an. Wenn die Tür hinter die andere geschoben wird, gibt der Knopf aus kontrastierendem Holz einen Hinweis darauf, wo man seinen Finger auflegen soll. 6 Drücken Sie auf den Knopf, und der Griff schwenkt heraus, um die Tür schieben zu können. 7

Clever arbeiten

Damit eine Tür nicht gegen den Korpus knallt oder im Gebrauch klappert, kann man die gleichen Dämpfer anbringen, die auch Schubladen sanfter schließen lassen.

Türanschläge

Jede Tür benötigt einen Anschlag, der sie daran hindert, nach innen bis in den Korpus zu schwingen und dadurch die Scharniere übermäßig zu belasten. Manchmal reicht schon eine einfache Lösung, um die Tür zum Stehen zu bringen. Polieren Sie ein Stück ansprechend aussehendes Holz, und nageln Sie es hinter der Tür an den Korpus, vielleicht jeweils eins oben und unten. Voila! Türanschlag im Instant-Verfahren.

Bei aufschlagenden oder gefälzten Türen dient der Korpus selbst als Anschlag. Bei einschlagenden Türen in Möbeln mit Blendrahmen kann man den Boden und Deckel des Korpus so versetzen, dass ihre Vorderkanten teilweise in die Öffnung des Blendrahmens ragen und als Türanschlag dienen. Bei Sperrholzplatten müssen dann eventuell rohe Sägekanten mit einem Umleimer versehen werden, bevor der Korpus zusammengebaut wird (siehe Zeichnung auf der folgenden Seite). Falls das jedoch wegen der Gestaltung des Möbelstücks nicht möglich sein sollte, gibt es noch andere Möglichkeiten, Türanschläge anzubringen.

Eingebaute Türanschläge

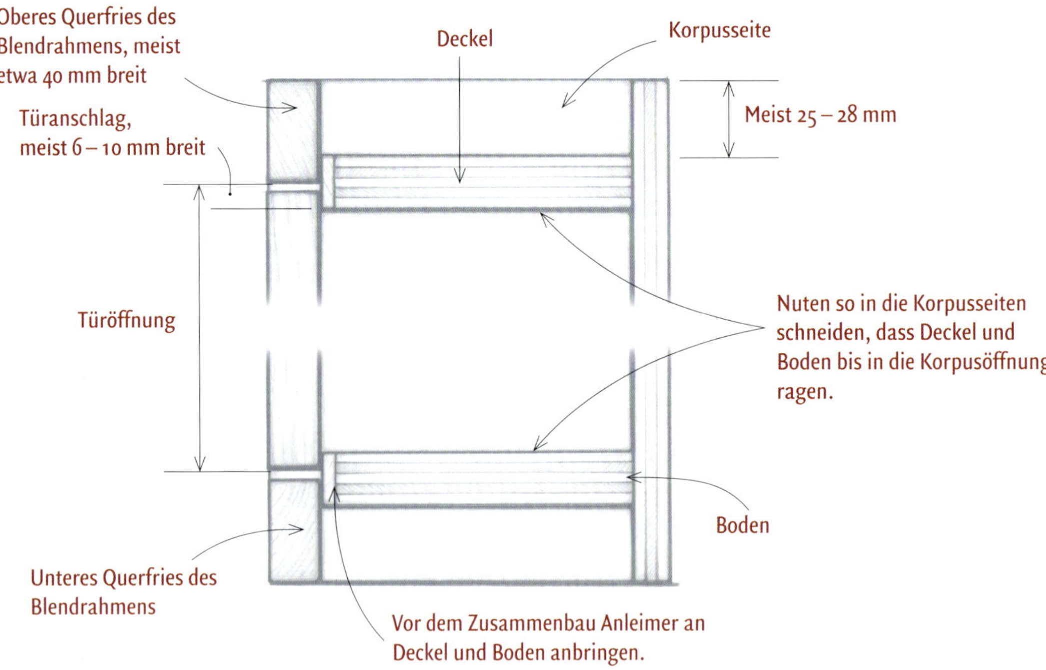

Magnete als Türstopper

Man kann aus Seltene-Erden-Magneten hervorragende Türstopper herstellen, die eine Tür durch magnetische Anziehungskraft geschlossen halten. Diese Magneten sind in verschiedenen Durchmessern im einschlägigen Handel zu beziehen.

Eine normale Möbeltür wird in der Regel schon von einem Paar Magneten mit 10 mm Durchmesser zugezogen. Bohren Sie mit einem Forstner-Bohrer jeweils ein flaches Sackloch in den Korpus und in die Oberkante der Tür. Achten Sie darauf, dass die Löcher genau aneinander ausgerichtet sind. Befestigen Sie die Magneten mit Epoxidklebstoff in den Bohrungen. Setzen Sie die Magneten so ein, dass sich ihre Pole anziehen. Andernfalls schließt sich die Tür nie.

Magnetische Anziehung. Ein Magnet, der in die Türkante eingeklebt wird, und ein Gegenstück im Korpus sorgen für ausreichend Anziehungskraft, um eine Tür geschlossen zu halten.

Sanfte Türschließer

Sanftes Schließen. Dieser Türschließer besteht aus einem Kolben in einer Kunststoffbuchse, die wiederum in einem Metallgehäuse sitzt.

Wenn Sie selbstschließende Scharniere verwenden, gibt es einen raffinierten Beschlag, den man sich ruhig genauer ansehen kann. Dieser „sanfte Türschließer" besteht aus einem Kolben, der langsam in eine Buchse zurückweicht, wenn die Federwirkung des Scharniers die Tür gegen ihn drückt. Dadurch wird die Tür sanft und leise geschlossen.

Es gibt eine Variante für Topscharniere, die direkt in das Scharnier integriert ist. Eine andere Variante ist ein eigenständiger Beschlag, der nahe an der scharnierlosen Kante der Tür angebracht wird, und deren Anbringung ich im Folgenden beschreibe.

1. Der Schließmechanismus wird in drei Teilen ausgeliefert, die vor der Montage im Möbelstück zusammengebaut werden müssen. Der Kunststoffkolben passt in eine Kunststoffhülse, die wiederum in ein Metallgehäuse eingesetzt wird. 1
2. Bei Flügeltüren, die in ein Möbel mit überstehendem Blendrahmen eingebaut werden, bringt man zwei der Schließer an einem Distanzklotz an, dessen Stärke dem Überhang des Blendrahmens entspricht. 2
3. Befestigen Sie den Distanzklotz mit Leim und Schrauben so an der Unterseite des Möbeldeckels, dass die Vorderkante des Metallgehäuses mit der Rückseite der Tür fluchtet. 3 Wenn die Türen geschlossen werden, ziehen sich die Kunststoffkolben langsam zurück, bis die Türen am Korpus anliegen.

Für Flügeltüren. Bei Flügeltüren bringt man zwei der Türschließer auf demselben Holzklotz an, sodass ihre Vorderkanten jeweils mit der Vorderkante des Klotzes fluchten.

Kann geschlossen werden... Bringen Sie den Klotz mit Leim und Nägeln an der Deckelunterseite des Korpus an, sodass er mittig zwischen den Türen liegt und bündig mit der Rückseite des Korpusquerfrieses abschließt.

Kippstopper aus Holz

Die Türen werden zugedrückt. Ein Paar Kippstopper hält durch Reibung auf die Oberkante Flügeltüren geschlossen. Der Vorsprung am linken Kippstopper dient als Anschlag für den Standflügel.

Einer der elegantesten Türstopper, die man selbst herstellen kann, ist der Kippanschlag, den der Möbeltischler James Krenov und seine Lehrkräfte am College of the Redwoods im kalifornischen Fort Bragg berühmt gemacht haben. Dieser Stopper wurde für zweiflügelige Türen entworfen, deren innere Längsfriese ausgefälzt sind, sodass sie ineinander schlagen. Die Kippstopper sitzen in flachen Schlitzen, die in die Unterseite des Möbeldeckels geschnitten werden. Von dort aus drücken sie durch Federkraft sanft auf die oberen Türkanten und halten sie so geschlossen. Eine der beiden hölzernen Kippstopper weist einen geschnitzten Vorsprung auf, der als Anschlag für den Standflügel dient, der zuerst geschlossen wird.

Der gleiche Ansatz kann auch für eine Einzeltür verwendet werden, wenn man der folgenden Anleitung für einen Kippstopper mit Anschlag für den Standflügel folgt.

1. Formen Sie für den Gangflügel einen rechteckigen Kippstopper, sodass er am vorderen Ende eine kissenartige Erhebung aufweist. Schneiden Sie einen flachen Schlitz als Aufnahme für den Kippstopper in die Unterseite des Korpusdeckels. Die Tiefe sollte etwas mehr betragen als die Stärke des Kippstoppers. Bohren Sie ein versenktes Schraubenloch in die Mitte der Sichtseite des Kippstoppers. Bohren Sie als Aufnahme für eine kleine Feder ein Sackloch mit ebenem Grund in die Innenseite des Kippstoppers und ein korrespondierendes Loch in den Schlitz im Korpus. 1
2. Stellen Sie für den Standflügel einen ähnlichen Kippstopper her, an den Sie jedoch einen Vorsprung anarbeiten, der als Anschlag dient, um die Tür bündig mit der Korpusvorderseite zum Stehen zu bringen.
3. Bringen Sie die Kippstopper in den Schlitzen an, und ziehen Sie die Schrauben gerade so weit an, dass jeder Kippstopper fest gegen die Oberkante der Tür drückt, wenn diese geschlossen ist.
4. Stellen Sie das Schließsystem fertig, indem Sie eine kleine Holzleiste in den Korpusboden einleimen, sodass sie mittig unter beiden Türen liegt. Die Leiste sollte um die gewünschte Fugenbreite über den Korpusboden hervorstehen. Sie dient als Druckleiste, um die Türen fest gegen die oberen Kippstopper zu drücken und gleichzeitig für eine gleichmäßige untere Fuge zwischen Tür und Korpus zu sorgen. 2

1

So sieht es innen aus. Wenn man den Korpus kopfüber stellt und den rechten Kippstopper entfernt, kommen korrespondierende flache Sacklöcher im Kippstopper und im Schlitz im Korpus zum Vorschein. In diese Löcher wird eine kleine Feder eingesetzt. Angelpunkt der Kippbewegung des Stoppers ist die Schraube in seiner Mitte.

2

Rampe an der Unterseite. Setzen Sie unterhalb der Türen ein kleines kissenförmiges Holzstück in einen flachen Schlitz im Korpus ein, um die Türen anzuheben und für eine gleichmäßig breite Fuge zu sorgen.

Anschläge für Schiebetüren

Bei Schiebetürpaaren, die in Holzführungen laufen, dienen die Korpusseiten als Anschläge. Falls ein Korpus jedoch drei oder mehr Schiebetüren aufweist, muss mindestens eine von ihnen in der Mitte angehalten werden. Das kann man recht einfach erreichen, indem man eine abgesetzte Nut in die Führung schneidet. Allerdings kann es schwierig sein, die genaue Länge der abgesetzten Nut zu berechnen, bevor man die Führung im Korpus anbringt. Es ist einfacher und genauer, die Nut stattdessen einige Zentimeter länger als nötig zu schneiden und einen Stoppklotz an ihrem Ende anzubringen, nachdem man die Führung im Korpus angebracht hat, sodass die Tür genau dort, wo man es möchte, zum Stehen gebracht wird.

1. Um die Größe des Stoppklotzes für die obere Führung zu berechnen, wird die Tür in die Nuten gestellt und genau dort positioniert, wo sie zum Stehen kommen soll. Dann misst man die freie Länge in der Nut aus und schneidet einen passenden Klotz zu. 1

Clever arbeiten

Wenn ich bei einer dreiteiligen Schiebetür eine abgesetzte Nut schneide, dann meist in der linken Seite der Führung, was der Mehrheit der Rechtshänder in der Welt entgegenkommt. (Keine böse Absicht gegenüber all meinen linkshändigen Freunden.)

2. Der Stoppklotz für die untere Führung wird genauso eingepasst. Man kann die Stoppklötze so verputzen, dass sie mit der Oberfläche der Führung bündig abschließen, oder sie etwa 3 mm aus der Nut hervorstehen lassen, um sie zu betonen. 2

Wenn man die Stoppklötze so ausrichtet, dass die Tür gegen das Hirnholz stößt und nicht gegen Längsholz, halten die Klötze länger. Ein paar Drahtstifte oder Nägel reichen aus, um die Stoppklötze in den Nuten zu halten.

Oben abstoppen. Schneiden Sie die Nut für die Tür etwa 25 mm länger als notwendig, passen Sie die Tür ein, und füllen Sie dann das leere Ende der Nut mit einem hölzernen Stoppklotz.

Ruhig herzeigen. Die Stoppklötze für diese Schiebtüren ragen etwas aus der Führung hervor, um optisch ansprechender zu wirken.

Verschlüsse

Man kann Türen geschlossen halten, indem man selbstschließende Scharniere zum Einhängen verwendet., die es in vielen Ausführungen gibt und die Tür mit Federkraft schließen. Türen mit frei beweglichen Scharnieren benötigen allerdings einen Verschluss.

Schnäpper

Der Kugelschnäpper gehört zu den einfachsten Verschlüssen für eine Tür. Er besteht aus zwei Teilen: einer Metallkugel, die mit von einer Feder gegen die Öffnung eines kleinen Zylinders gedrückt wird, den man in der Kante einer Tür anbringt; und einem Haltestück, das am Korpus befestigt wird. Bei den meisten Türen reicht ein Kugelschnäpper aus, aber man kann auch an der Ober- und Unterkante der Tür jeweils einen anbringen, um besonders sicheres Schließen zu gewährleisten. Ein Kugelschnäpper ist leicht zu installieren: Man bohrt einfach ein Sackloch in die Kante der Tür, drückt den Zylinder des Verschlusses hinein, und bringt dann das Haltestück am Korpus an.

Es gibt eine Variante des Kugelschnäppers, bei der an der Rückseite der Tür eine Platte mit vorstehender Zunge und am Korpus ein passendes Gegenstück mit Kugeln angebracht wird. Dieses Gegenstück enthält zwei gefederte Kugeln, die um die Zunge greifen, wodurch die Tür geschlossen gehalten wird. Dieser Mechanismus hält die Tür sehr viel sicherer geschlossen als der einfache Kugelschnäpper, und die Federkraft, die gegen die Kugeln wirkt, kann in gewissen Grenzen eingestellt werden. Allerdings kann die korrekte Positionierung der Zunge etwas umständlich sein, und das Schließgeräusch ist lauter als bei anderen Verschlüssen. Diese Kugelschnäpper sind jedoch eine gute Wahl für Türen, die sicher geschlossen gehalten werden müssen, also etwa besonders schwere Türen oder solche, die besonders beansprucht werden, wie in Booten oder anderen Fahrzeugen.

Mit einer Kugel gefangen. Dieser Kugelschnäpper besteht aus einer Kugel, die von einer Feder in einem Metallzylinder nach oben gedrückt wird. Er wird in eine Bohrung in der Oberkante der Tür eingesetzt. Ein Haltestück aus Metall im Korpus hält die Kugel, wenn die Tür geschlossen ist.

Schieben, um zu schließen. Dieser Schubriegel wird in die Rückseite des Türlängsfrieses eingelassen und greift in einen kleinen Schlitz im Korpus.

Kräftigere Schnäpper. Kugelschnäpper der hier zu sehenden Bauart halten auch schwerere Flügeltüren geschlossen. Das Gehäuse für die Kugeln wird an die Deckelunterseite des Korpus angeschraubt und fängt eine Platte mit vorstehender Zunge ein, die an der Rückseite der Tür befestigt wird.

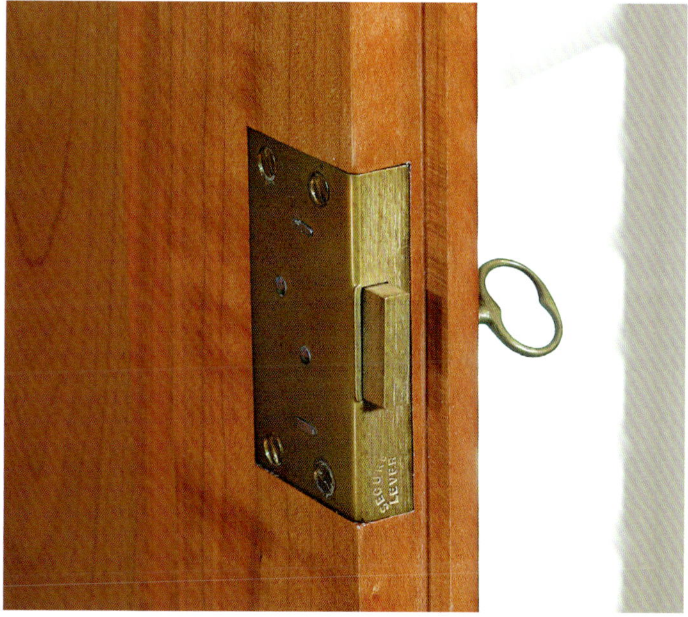

Verschlossene Flügel. Einlassschlösser sind gut für gefälzte Flügeltüren geeignet, um den Gangflügel am Standflügel anzuschließen.

Dreh- und verschiebbare Verschlüsse

Bei gefälzten Flügeltüren benötigt man in der Regel einen Mechanismus, um den Standflügel zu fixieren. Für diesen Zweck gibt es verschiedene Verschlüsse. Eine der elegantesten Lösungen ist der Schubriegel, der in die Rückseite der Tür eingelassen wird. In den Korpus wird ein entsprechendes Loch gebohrt, um den Riegel aufzunehmen. Der Gangflügel wird meist von einem Einlassschloss gehalten, vor allem bei historisierenden Möbelstücken. Das Schloss wird genauso eingesetzt wie bei einer Schublade (siehe Seite 72).

Eine etwas rustikalere Methode, um beide Flügel zu schließen, besteht darin, an einem Flügel einen Schubriegel oder einen Schnäpper anzubringen, und dann an der Außenseite derselben Tür einen selbst angefertigten Drehriegel zu montieren. Um den Gangflügel zu halten, wird einfach der Riegel gedreht, sodass er sich über beide Flügel erstreckt. Vielleicht etwas primitiv, aber es funktioniert, ist einfach und eher bescheiden.

Zum Öffnen drehen.
Der handgeschnitzte Riegel ist mit einer einzelnen Schraube angebracht, um die er in die Senkrechte gedreht werden kann, um die Tür zu öffnen.

Kapitel 8

Spezialtüren und Details

Hinter der einfachen Tür liegt eine ganze Welt aufregender Möglichkeiten, in der sich Spezialtüren tummeln, die in den Korpus geschoben oder geschwenkt werden, Türen mit Sprossenfenstern, gewölbte Türen in unterschiedlichen Größen und Formen sowie Türen, die sich mit Intarsien und anderem Dingen schmücken. Natürlich ist die Zahl der Spezialtüren viel zu groß, um in einem einzelnen Buch behandelt zu werden. Aber ich will in diesem Kapitel dennoch einige Typen vorstellen, die viele Holzwerker ansprechend und nützlich finden werden.

Die Türen auf den folgenden Seiten sind einzigartig. Manche lösen besondere Probleme, etwa wenn eine Tür im Korpus verschwinden muss oder zwei Türen aneinander vorbei geschoben werden müssen, anstatt sich um den Angelpunkt eines Scharniers zu drehen. Manche sind einfach nur aus Vergnügen an der Gestaltung entstanden, zum Beispiel eine mit einer „geteilten Füllung" aus zwei Brettern mit Baumkante, die zusammengeleimt wurden, oder gebogene Türen und solche mit geschweifter Füllung, die aus der rechteckigen Welt der ebene Flächen und geraden Linien ausbrechen. Andere entsprechen traditionellen Entwürfen, die Tischler seit Jahrhunderten verwendet haben, wie etwa Türen mit Sprossenfenstern.

Was immer Ihre Bedürfnisse oder Gestaltungsvorlieben sein mögen, ich möchte Sie ermuntern, sich einmal an den hier vorgestellten Ideen zu versuchen. Wenn Sie diese Ideen in das Repertoire Ihrer Holzarbeiten aufnehmen, sind Sie einen Schritt weiter auf dem Weg vom Gewöhnlichen hin in das Reich des wirklich Besonderen.

Taschentüren

Die alternative Benennung „eingezogene Drehtüren" macht deutlich, worum es geht: Taschentüren kann man nach dem Öffnen in den Korpus schieben, sodass man einen guten Blick auf den Inhalt des Möbels hat, ohne dass die Türen in den Raum stehne. Sie sind eine sehr gute Lösung für Schränke mit Unterhaltungselektronik und für andere Möbel, die in geschlossenem Zustand die Geräte verbergen und einen traditionellen Anblick bieten, geöffnet aber freien Blick auf den Inhalt gewähren sollen.

Die Beschläge für Taschentüren enthalten Topfscharniere, mit denen die Türen an Auszügen im Korpus angebracht werden, die Schubladenauszügen ähneln. Das System kann auch für Klappen verwendet werden, die nach oben geöffnet werden, wie man sie etwa in Schränken für Stereoanlagen findet. Man sollte auf jeden Fall die Beschläge für die Taschentüren kaufen, bevor man das Möbelstück entwirft. Die Beschläge müssen für die vorgesehene Türenbauweise (einschlagend, aufschlagend oder gefälzt) passen. Der Korpus und die Tür müssen außerdem so dimensioniert werden, dass der Korpus tief genug ist, um die Tür aufzunehmen und die Tür einige Zentimeter herausragen lässt, um Platz für Griffe und Knäufe zu lassen.

Geteilte Füllung. Jan Derr hat eine ungewöhnliche Füllung hergestellt, indem er zwei Bretter mit Waldkante zusammengeleimt hat, sodass zwischen ihnen eine Lücke verbleibt.

Wie eine Taschentür funktioniert

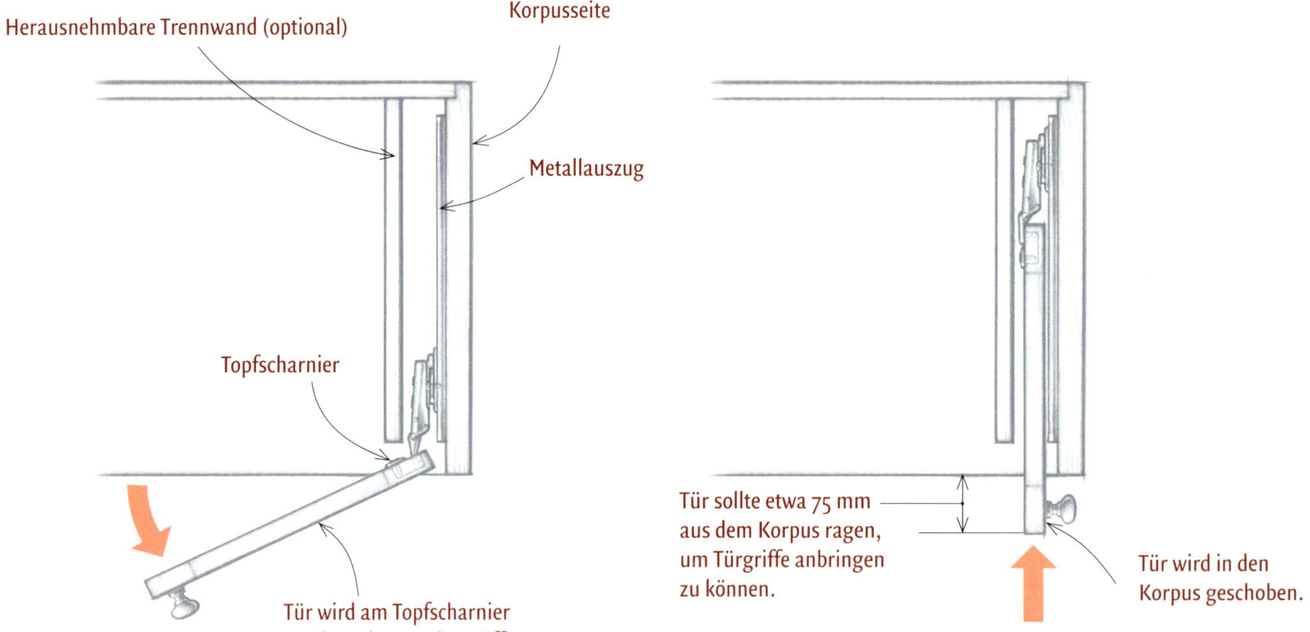

Clever arbeiten

Um die Tür zu verbergen, wenn Sie in den Korpus eingeschoben sind, kann man für jede Tür eine „Tasche" bauen, in die sie eingeschoben wird. Diese Taschen sind eine Option, die Türen funktionieren auch ohne sie, aber das Innere des Möbels sieht mit ihnen ordentlicher aus. Bringen Sie einfach eine senkrechte Trennwand an, die etwa 25 mm hinter der Innenseite der Tür zurückspringt. Befestigen Sie die Trennwand mit Schrauben am Deckel und Boden des Korpus, damit sie während der Montage herausgenommen werden kann, was den Einbau des Metallauszugs erleichtert.

Genau wie Schubladenauszüge. Die Taschentüren werden mit Topfscharnieren im Möbelstück angebracht, die an der Tür angeschlagen werden. Die Tür wiederum ist an einem kugelgelagerten Auszug befestigt, der am Korpus angeschraubt wird. Passen Sie die Tür in die Korpusöffnung ein, wenn Sie die Beschläge angebracht haben.

Ziehen und schieben. Die Türen werden ganz normal geöffnet und dann einfach in den Korpus geschoben, um sie zu verbergen.

1. Bauen Sie die Tür(en), passen Sie sie in den Korpus ein, und bringen Sie die Topfscharniere wie sonst auch an (siehe Seite 150).
2. Bringen Sie den Auszug nach Anleitung des Herstellers im Korpus an. Der Vorgang ähnelt der Montage von Metallauszügen für Schubladen (siehe Seite 47).
3. Befestigen Sie die Türen am Auszug im Korpus. Justieren Sie den Sitz der Tür im Korpus durch Verstellen der Schrauben in der Grundplatte des Topfscharniers. 1
4. Diese aufschlagenden Türen werden einfach so geöffnet wie normale Türen und dann in den Korpus zurückgeschoben. 2 3

Schiebetüren

Die Bewegung einer hölzernen Schiebetür in einer Führung aus Holz vermittelt ein ungemein befriedigendes Gefühl. Glücklicherweise sind Schiebetüren und die Holzführungen, in denen sie laufen, relativ leicht zu bauen. Wenn Sie ein Türenpaar bauen, die in parallelen Führungen aneinander vorbei laufen, ist es meist am besten, die Türen gleich groß herzustellen und den Korpus dann so zu dimensionieren, dass die inneren Längsfriese sich überlappen, wenn die Türen geschlossen sind.

Bei drei oder mehr Schiebetüren, für die man dennoch zwei nebeneinander liegende Führungen benötigt, kann man die Öffnung ebenfalls so groß machen, dass sich die Längsfriese benachbarter Türen überlappen, wenn die Türen geschlossen sind. Allerdings kann das dazu führen, dass eine geöffnete Tür in die benachbarte Öffnung im Korpus ragt und vielleicht den Zugriff auf den Inhalt erschwert. Ich ziehe es deshalb vor, die Öffnung im Korpus so groß zu machen, dass sie ohne Überlappungen Platz für alle Türen nebeneinander bietet und sich nur eine Haarfuge zwischen den Kanten benachbarter Türen befindet. So fluchten die Kanten der geöffneten Türen mit den Trennwänden im Korpus oder springen leicht hinter diesen zurück. Welchen Ansatz Sie auch wählen, es empfiehlt sich, eine Bauzeichnung in natürlicher Größe anzufertigen, bevor man sich auf die Größe des Korpus oder der Türen festlegt. So kann man sicherstellen, dass sich

Anatomie einer Schiebetür

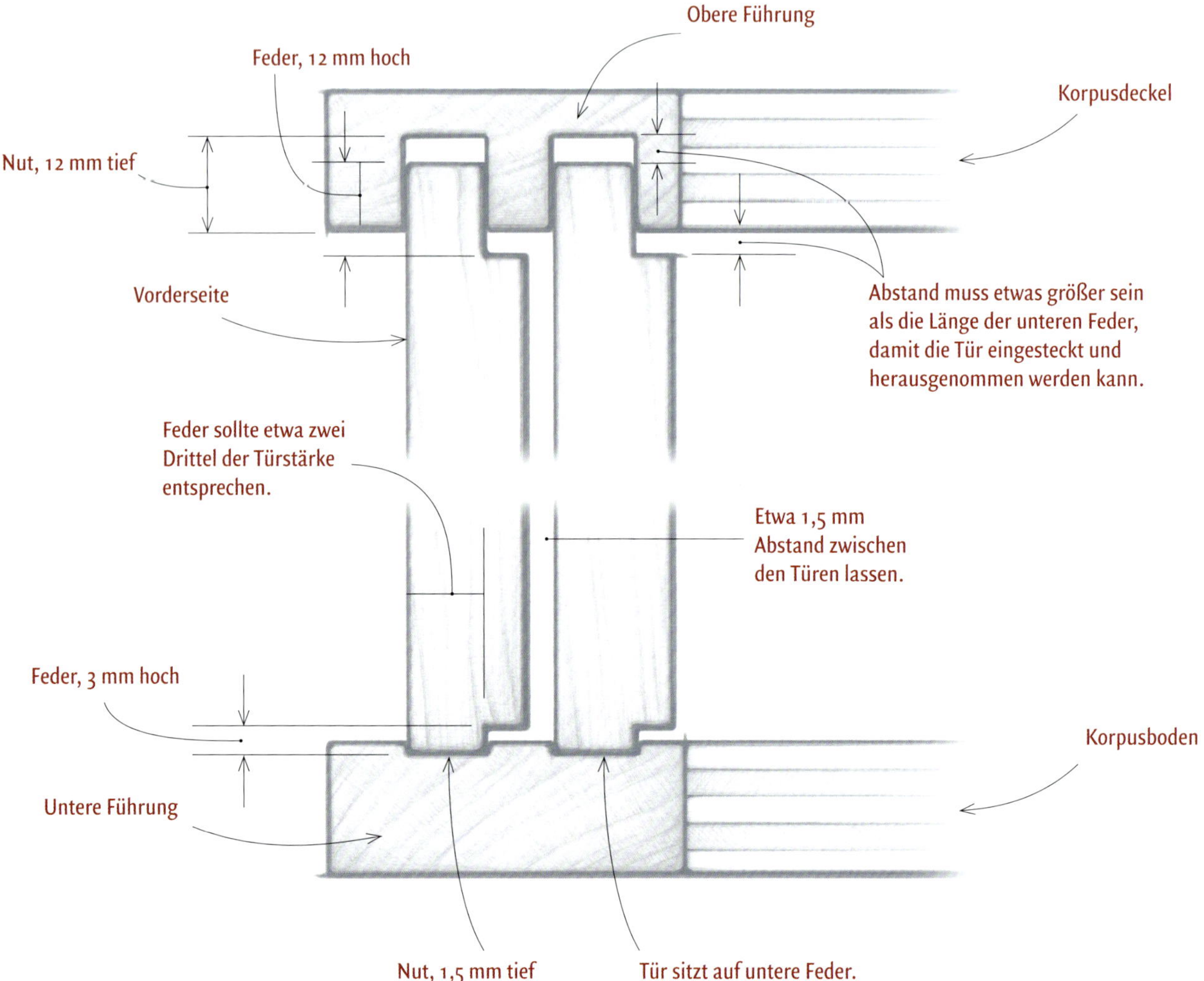

Müllentsorgung. An den Enden der Nuten in der unteren Führung sticht man eine kleine abgeschrägte Vertiefung ein, die Staub und Schmutz aufnimmt, die sich sonst dort ansammeln könnten.

die Türen in der gewünschten Position befinden, ob sie offen oder geschlossen sind.

Bauen Sie zuerst den Korpus, und fertigen Sie dann die obere und untere Führung an. Denken Sie daran, dass die Nut in der oberen Führung so tief sein muss, dass man die Tür in ihr nach oben und von der unteren Führung heben kann, um sie anzubringen oder zu entfernen. Die unteren Nuten sollten eher flach sein, damit sich nicht zu viel Staub und Schmutz in ihnen ansammelt. Eine Tiefe von 2–3 mm ist vollkommen ausreichend, um die Tür zu führen. Wenn die Führungen in den Korpus eingepasst und -geleimt sind, werden die Türen auf Maß gebaut. Die oberen und unteren Kanten werden gefälzt, um Federn zu erhalten, die leichtgängig in den Führungsnuten gleiten, ohne zu klappern. Die Querfriese müssen breit genug gestaltet werden, dass sie in die obere und untere Führung passen.

1. Schneiden Sie mit dem Nutsägeblatt an der Tischkreissäge abgesetzte Nuten in die obere und untere Führung, und stechen Sie die Enden der Nuten rechtwinklig nach, um als Türstopper zu dienen. In der unteren Führung steche ich eine kleine, abgeschrägte Vertiefung ein, die als „Müllbehälter“ dient und Staub und Schmutz aufnimmt, der sich sonst in den Ecken ansammeln würde. 1
2. Dimensionieren Sie die Türen so, dass sie in die Nuten in der Führung passen, und schneiden Sie mit dem Nutsägeblatt an der Tischkreissäge einen Falz an die Ober- und Unterkante, um Federn anzuschneiden, die leichtgängig in den Nuten gleiten Bei besonders hohen Türen sollte man einen Druckkamm am Arbeitstisch verwenden, um das Werkstück sicher zu halten und eine Feder gleichmäßiger Stärke anschneiden zu können. 2 Schneiden Sie die Feder mit geringer Überstärke, und passen

Die Federn anschneiden. Die obere und untere Kante der Tür werden gefälzt, um Federn zu erhalten, die in die Nuten in der Führung passen.

Jetzt kann geschoben werden. Schleifen Sie die Führungen und die Federn an der Unterkante der Tür, und tragen Sie Wachs auf, damit sich die Türen samtweich verschieben lassen.

Erst hoch, dann runter. Die Tür wird zuerst mit der Oberkante in die obere Führung gesteckt und dann in die untere Führung abgesenkt.

Sie sie mit einigen Stößen des Simshobels so ein, dass sie gut in der Nut gleitet.

3. Hobeln Sie die untere Kante der Feder glatt und eben, und schleifen Sie dann alle Flächen der Feder und der Führung so glatt wie möglich. Geben Sie einige Schichten eines leichten, eindringenden Oberflächenmittels wie Schellack an die Federn und Führungen an, und tragen Sie dann Wachs auf. Die Tür sollte sich beim Verschieben auf der Feder bewegen, nicht auf den gefälzten Kante. 3
4. Passen Sie jede Tür in die zugehörige Führung ein, indem Sie zuerst die obere Feder in die Nut der oberen Führung stecken und dann die Tür in die untere Führung absenken. 4 Prüfen Sie die Leichtgängigkeit der Türen, sie sollten sich mit leichtem Druck zu Seite schieben lassen. Arbeiten Sie gegebenenfalls höher stehende Stellen mit dem Schleifklotz und feinem Schleifpapier nach.

Imitierte Sprossentüren

Der Bau einer Tür mit echten Sprossenfenstern ist recht arbeitsaufwendig, da man das Raster aus Riegeln und Setzhölzern herstellen und einpassen muss. Sehr viel schneller lässt sich das Aussehen einer Sprossentür erzielen, indem man ein einfach hergestelltes Gitterwerk auf eine einzige Glasscheibe auflegt. Die einzelnen Teile des Gitters werden an den Kreuzungspunkten überblattet und am Rahmen mit Schlitz-und-Zapfen-Verbindungen, Dübeln, Holznägeln oder gar genagelten Gehrungen angebracht. Dann wird eine einzelne Glasscheibe in einen Falz an der Rückseite der Tür eingelegt, so wie man das auch bei einer normalen verglasten Tür täte.

Sieht aus wie ein Sprossenfenster. Ein einfaches Gitterwerk aus Holz wird auf eine einzelne Glasscheibe in einer Tür aufgelegt und wirkt wie die Sprossen eines Sprossenfensters, ohne so viel Arbeit zu machen, wie das Einlegen vieler einzelner Glasscheiben.

Clever arbeiten

Manche Konterprofilräsersätze verlassen sich für den Zusammenhalt zwischen Riegeln und Setzhölzern allein auf die kleinen ausgekehlten Stellen an den Enden der Sprossen. Leider ist diese Verbindung nicht sehr belastbar. Entscheiden Sie sich besser für einen Fräsersatz, mit dem Sie an diesen Stellen Schlitz-und-Zapfen-Verbindungen anschneiden können, die länger halten.

Erst die Auskehlung, dann der Viertelstab. Dieser Fräsersatz für Türen mit Konterprofil besteht aus einem Hohlkehlfräser (rechts), mit dem die Brüstungen an den Zapfen angeschnitten werden, und einem passenden Viertelstabfräser (links) für die Profile an den Kanten.

Tür mit traditionellen Sprossenscheiben

Am breiten Werkstück auskehlen. Sicherer und einfacher lassen sich die Hohlkehlen an den Sprossen anschneiden, bevor man diese zu einzelnen Teilen auf Breite geschnitten hat. Legen Sie das Werkstück mit der Sichtseite auf den Arbeitstisch, und führen Sie es mit einem Schiebbrett am Fräser vorbei.

Eine Tür mit Sprossenscheiben besteht aus einem Gitter aus waagerechten Sprossen (Riegel) und senkrechten Sprossen (Setzhölzer), das im Rahmen der Tür eingelassen ist. Jeder Abschnitt des Sprossenwerks beherbergt eine einzelne Glasscheibe. Die Zahl der Scheiben in einer Tür ist beliebig, häufig werden jedoch je nach Größe der Tür vier, sechs, acht oder neun Scheiben eingesetzt.

Es gibt Konterprofilfräsersätze, mit denen man Verbindungen zwischen den Sprossen und auch die zwischen Sprossen und Rahmen anschneiden kann.

Wie bei den normalen Konterprofilfräsersätzen bestehen auch die für Sprossenfenster aus einem Paar Fräsern (manchmal durch einen Falzfräser ergänzt), mit dem sich beide Teile der Verbindung schneiden lassen. (Abbildung 1, siehe auch unteres Foto auf Seite 173)

1. Schneiden Sie alle Teile für die Tür zu. Lassen Sie die Längsfriese mit etwa 25 mm Überlänge. Achten Sie darauf, die Größe der Teile nach Maßgabe des Fräserherstellers festzulegen. Schneiden Sie das Material für die Sprossen auf Stärke und Länge, breiten Sie die einzelnen Stücke jedoch noch nicht ab. Es ist leichter und einfacher, die Kehle am Ende der breiten Rohlinge anzufräsen. Schneiden Sie die Schlitz-und-Zapfen-Verbindungen am Rahmen der Tür an (und an den Sprossen, falls Ihr Fräsersatz das zulässt).
2. Rüsten Sie den Handoberfräsentisch mit dem Hohlkehlfräser auf, sodass dieser gerade bis an die Wange eines Zapfens reicht. Kehlen Sie die äußeren Brüstungen an allen Zapfen, achten Sie dabei darauf, das Material mit der Sichtseite nach unten auf den Arbeitstisch zu legen. 1 Schneiden Sie dann die Sprossen an der Tischkreissäge auf Endbreite.
3. Rüsten Sie die Fräse mit dem Viertelstabfräser auf, sodass die Höhe einem der gekehlten Zapfen entspricht. Fräsen Sie die Viertelstäbe an die Sprossen, Längs- und Querfriese an. Auch hierbei liegt das Material mit der Sichtseite nach unten auf dem Handoberfräsentisch. Stellen Sie eine einfache Vorrichtung her,

In eine Führung einlegen. Fräsen Sie die Viertelstäbe mit einer einfachen Vorrichtung an den schmalen Sprossen an. Ein Deckel aus Sperrholz und eine Ausklinkung am Ende erlauben es, das Werkstück sicher mit der Sichtseite nach unten am Fräser vorbeizuschieben.

Rückseite ausfälzen. Legen Sie jetzt die Werkstücke mit der Sichtseite nach oben auf den Handoberfräsentisch, und schneiden Sie mit einem Falzfräser mit Anlaufring einen Falz an den Rückseiten an.

um die Sprossen sicher am Fräser vorbeiführen zu können. 2 3

4. Beenden Sie die Verbindungsarbeit, indem Sie einen Nutfräser einspannen und einen Falz an der Rückseite des Materials anschneiden. In diesem Fall weist die Sichtseite nach oben. 4 Verwenden Sie die gleiche Vorrichtung, um die Sprossen am Fräser vorbei zu führen, und schneiden Sie an jeweils einer Kante einen Falz an. Legen Sie eine Holzleiste in diesen Falz, um dann die gegenüberliegende Kante zu fälzen.
5. Bauen Sie die Tür zusammen. Die Überstände, die durch die Überlänge der Längsfriese entstanden sind, helfen bei der Montage und reduzieren das Risiko von Rissen im Holz. Sie können nach dem Verleimen mit den Querfriesen bündig verputzt werden. Denken Sie daran, dass Sie an den Überständen die Viertelstäbe mit dem Stechbeitel nacharbeiten müssen damit die Verbindungen der Tür dicht schließen. 5
6. Die fertige Tür zeigt sehr schöne Kreuzverbindungen, wo die Riegel und die Setzhölzer aufeinander treffen. An der Rückseite sieht man die fachgerechte Gestaltung mit jeweils einzelnen gefälzten Fächern für die Glasscheiben. 6 Legen Sie die Scheiben in die Fälze ein, und befestigen Sie sie mit Klebstoff, Glaserkitt oder Halteleisten.

Zusammenbringen. Geben Sie Leim an die Verbindungen, und setzen Sie Zwingen an; zuerst wird das Gitterwerk an den Querfriesen angebracht, dann werden die Längsfriese hinzugefügt. Wenn der Leim trocken ist, werden die Überstände mit den Kanten der Tür bündig geschnitten.

Echte Sprossen. Ein richtiges Sprossenfenster hat an der Rückseite einzelne gefälzte „Fächer“, in die kleine Glasscheiben eingesetzt werden.

Zuerst das Innenleben. Der erste Schritt beim Zusammenbau der Tür ist das Verleimen der Überlappungen im Gitterwerk.

Leisten an der Rückseite. Um die Füllungen zu halten, werden Leisten mit L-Querschnitt im Falz am Umfang der Tür angebracht, dann werden die Halteleisten mit T-Querschnitt in die Nuten in den Sprossen eingedrückt.

Tür im Shoji-Stil

Eine Alternative zur Tür mit einem konterprofilierten Sprossenfenster ist eher am Stil der japanischen Shoji ausgerichtet, bei denen die Leisten des Gitterwerks im Rahmen der Tür vollkommen ohne profilierte Kanten auskommen.

Bei Shoji kann man die Öffnungen im Gitter auch mit anderen Materialien als Glas füllen: Holz, Stoff, Papier (wie es in traditionellen Shoji verwendet wird), Glimmerplatten oder etwas anderem.

1. Schneiden Sie die Teile für die Tür auf Maß, und schneiden Sie alle Verbindungen an.
2. Schneiden Sie die Leisten für das Gitterwerk zu, und schneiden Sie Zapfen an den Enden aller Teile an. Schneiden Sie an der Tischkreissäge eine 3 mm tiefe und 3 mm breite Nut in die Rückseite jedes Stücks. Schneiden Sie Überlappungen an den Kreuzungspunkten des Gitterwerks an, und verleimen Sie dann die Leisten zum Gitterwerk. 1
3. Leimen Sie das Gitterwerk in den Rahmen der Tür, und bauen Sie die Tür zusammen.
4. Stellen Sie hölzerne Halteleisten her, um die Füllungen im Gitterwerk zu fixieren. Die Halteleisten, die um das Gitterwerk herum laufen, haben einen L-förmigen Querschnitt. Schneiden Sie an die Enden von jeweils gegenüberliegenden Leisten (links und rechts zum Beispiel) einen kurzen Zapfen an, der in der Ecke des Rahmens in den Falz der benachbarten Leiste eingelegt wird. Die Halteleisten für die Riegel und Setzhölzer werden gefälzt, sodass sie einen T-förmigen Querschnitt erhalten

Konstruktion einer Sprossentür

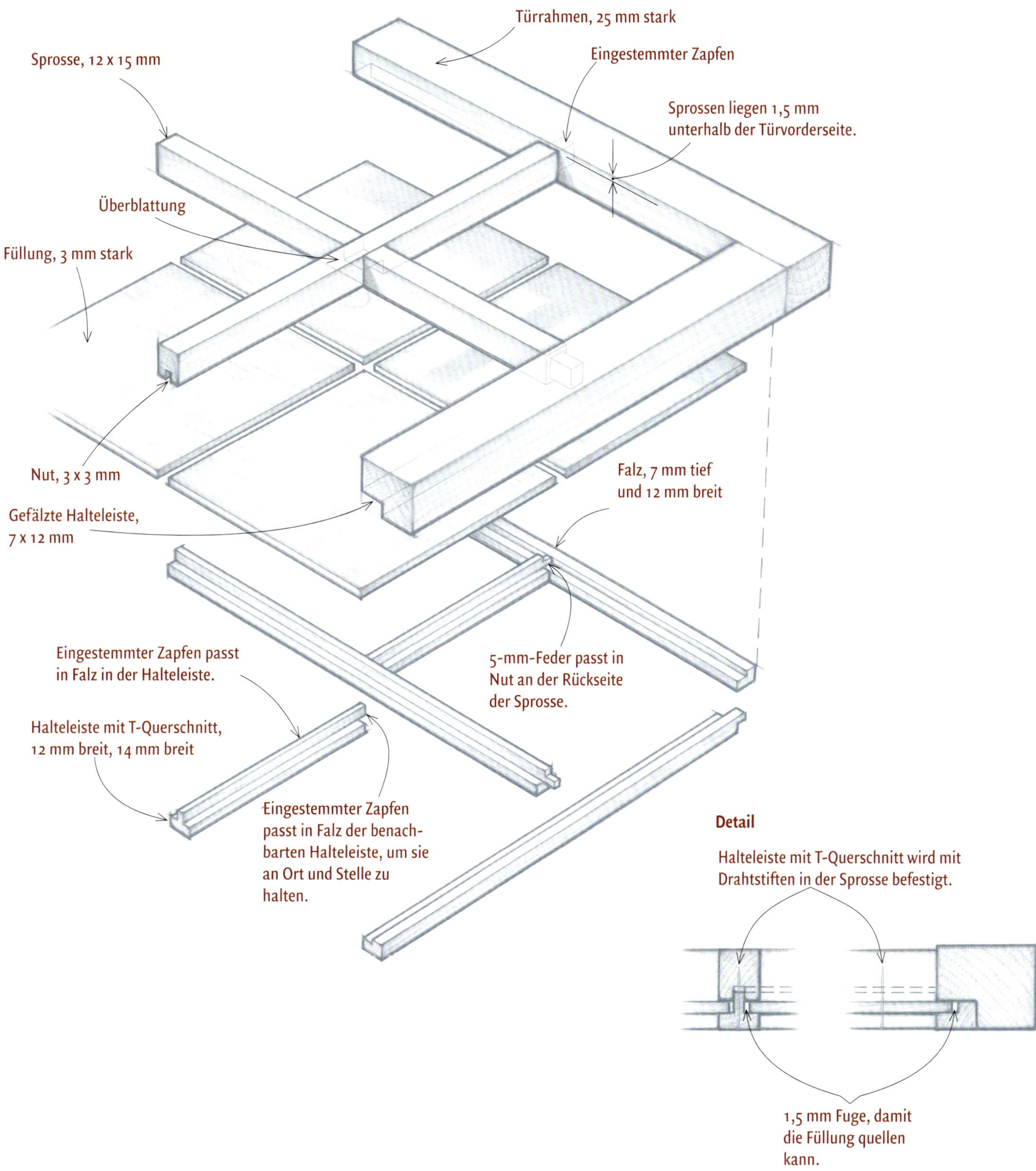

Die Verbindungen nageln. Wenn die Leisten alle eingelegt sind, werden sie mit Drahtstiften in den Fälzen in der Tür und den Nuten des Gitterwerks befestigt. Die Drahtstifte müssen dabei durch die Mitte der Überblattung gehen.

und in die zuvor geschnittenen Nuten passen. Achten Sie darauf, dass die Federn lang genug sind, um die Stärke Ihrer Scheiben oder Füllungen aufnehmen zu können. Schneiden Sie kurze Zapfen an die Enden, wo die Leisten aufeinander und auf den Rahmen der Tür treffen.

5. Legen Sie die Füllungen in die Tür ein, und bringen Sie die Halteleisten in den Nuten und Fälzen an. 2 Befestigen Sie abschließend die Leisten in den Nuten des Gitterwerks und den Fälzen an der Rückseite der Tür mit Drahtstiften. 3
6. Die relative tiefen Fächer des Gitterwerks in der fertigen Tür bieten der Hand ausreichend Zugriff, um die Tür auf oder zuzuschieben, und das Zusammenspiel von Holz und Papier verleiht dem Ganzen eine einzigartige Ausstrahlung. 4

Schiebetüren aus Papier und Holz. Das tiefer liegende Gitterwerk bietet sich als praktischer Griffersatz an. Die oberen Füllungen aus handgeschöpftem Papier auf schwerem Karton passen gut zu den Kirschholzfüllungen mit durchlaufender Maserung darunter.

Tür mit geschweiftem Oberteil

Es ist viel leichter, das obere Teil einer Tür in Rahmen-und-Füllungsbauweise bogenförmig zu gestalten, als Sie vielleicht denken mögen. Fertigen Sie zuerst eine Arbeitszeichnung in natürlicher Größe an, auf der auch das geschweifte obere Querfries dargestellt ist. Der Radius sollte mindestens 250 mm betragen, damit an den Stellen, wo die Brüstungen des Querfrieses auf die Längsfriese treffen, kein kurzes Holz auftritt.

1. Schneiden Sie alle Teile für die Tür zu, und schneiden Sie die Eckverbindungen an, so lange das Material noch rechtwinklig ist.
2. Reißen Sie den gewünschten Bogen am oberen Querfries mit einem großen Zirkel 1 oder einem Stangenzirkel an. Ein Stan-

Clever arbeiten

Eine harmonische Kurve ist ein, die auf ganzer Länge gleichmäßig gewölbt und glatt ist. Das kann man erkennen, indem man ein Werkstück in Augenhöhe betrachtet, um kleine Erhebungen oder Vertiefungen zu ermitteln. Auch wenn man mit dem Finger über die Oberfläche fährt, erkennt man schnell auch kleinste Unregelmäßigkeiten, die sich durch vorsichtiges Schleifen leicht beseitigen lassen.

Einen Kreisbogen anreißen. Stellen Sie den Zirkel auf den gewünschten Radius ein, und führen Sie ihn über das Material. Versetzen Sie die Spitze so, dass der Bleistift beide Innenecken des Querfrieses erreicht.

Mit einem Schlitzfräser nuten. Setzen Sie das Werkstück gegen einen Einsetzstift, um den Schnitt sicher beginnen zu können. Wenn das Werkstück am Anlaufring anliegt, wird es vom Einsetzstift entfernt, indem man es von rechts nach links bewegt.

Abplattung kopfüber anfräsen. Legen Sie die Füllung mit der Sichtseite auf den Arbeitstisch, und beginnen Sie den Schnitt, indem Sie sie gegen den Einsetzstift legen. Führen Sie den Schnitt dann am Anlaufring weiter, um die Füllung abzuplatten.

Passung kontrollieren. Stecken Sie die Tür erst trocken zusammen: Wenn die Füllungen leicht in die Nuten einzuschieben sind und die Brüstungen an den Querfriesen ohne Fugen schließen, können Sie Leim angeben und die Zwingen ansetzen.

Clever arbeiten

Die Abplattung sollte am Handoberfräsentisch immer in mehreren Durchgängen mit jeweils größerer Schnitttiefe angeschnitten werden. Andernfalls werden die Fräse und der Fräser übermäßig belastet, und es besteht das Risiko, dass das Werkstück zurückschlägt. Stellen Sie für den ersten Schnitt den Fräser auf geringe Schnitttiefe ein, und heben Sie ihn nachfolgend in kleinen Schritten an, bis Sie das erwünschte Profil erreicht haben.
Der letzte Schnitt sollte nur sehr wenig Material (weniger als 0,5 mm) abnehmen, um eine sehr glatte Oberfläche zu erzielen, die kaum noch geschliffen werden muss.

genzirkel ist lediglich eine lange Holzleiste mit einer Schraubenspitze an einem Ende und einem Bleistift am anderen.

3. Sägen Sie den Bogen mit der Bandsäge aus, und verputzen Sie ihn dann an der Spindelschleifmaschine oder in Handarbeit mit Schleifpapier.
4. Rüsten Sie den Handoberfräsentisch mit einem Parallelanschlag und einem 6-mm-Scheibennutfräser mit Anlaufring auf. Schneiden Sie die Nuten für die Füllung in die geraden Friese. Bauen Sie den Parallelanschlag ab, um die Nut in das geschweifte Fries zu schneiden. Achten Sie darauf, die Fräsung sicher auszuführen, indem Sie einen Einsetzstift verwenden. 

5. Reißen Sie auf die gleiche Weise den Bogen an der Oberkante der Füllung an, wobei Sie den Radius um die Tiefe der Nut vergrößern, die Sie in das obere Querfries geschnitten haben. Sägen Sie den Bogen an der Bandsäge aus und glätten Sie ihn wie zuvor, und fräsen Sie dann mit einem Abplattfräser mit Anlaufring und einem Einsetzstift eine Abplattung an die Füllung. (Abbildung C)
6. Bauen Sie die Tür zusammen. Die Füllung sollte sich leicht in die Nuten des Rahmens schieben lassen, aber auch nicht klappern. 4

Türen in Daubenbauweise

Wenn Sie bei Ihren Arbeiten zu geschwungenen Linien übergehen, können Sie sicher sein, dass ein einfaches Möbelstück sich deutlich von der Masse abhebt. Und nirgends fällt eine geschwungene Linie deutlicher ins Auge als an einer Tür oder einem Türenpaar. Türen aus Dauben bieten die gleichen schönen Kurven wie andere geschwungene Türen, ihr Bau ist aber deutlich weniger aufwendig. Das liegt daran, dass man von flachen, rechteckigen Brettern – den Dauben – ausgeht, die an den Längskanten verleimt werden. Der Trick besteht darin, dass die Kanten der Dauben angefast werden und dann auf einer geschwungenen Form miteinander verleimt werden, um eine geschwungene Fläche zu erhalten.

Eine Platte aus Dauben. Geben Sie Leim an alle Längskanten, und ziehen Sie die Dauben mit Spannknechten und Spanngurten dicht zusammen und nach unten gegen die Form.

1. Fertigen Sie eine Arbeitszeichnung in natürlicher Größe an, um den richtigen Winkel für die Fasen an den Dauben zu ermitteln. Stellen Sie dann das Sägeblatt der Tischkreissäge auf diesen Winkel ein, und schneiden Sie die Fasen an.
2. Bauen Sie aus Sperrholz eine Form mit der Innenkrümmung der Tür, und verleimen Sie darauf die Dauben. Verwenden Sie Spannknechte und Spanngurte, um die Dauben dabei einzuspannen. 1
3. Glätten Sie die Außenseite der Platte mit einem kleinen Hobel, nachdem der Leim getrocknet ist. Tragen Sie die erhabenen Stellen ab, bis die Oberfläche eine glatte, durchgehende Kurve ist. 2
4. Falls Sie auch auf der Innenseite der Tür eine glatte Fläche haben möchten, bearbeiten Sie sie mit der Ziehklinge diagonal zur Faser. 3 Alternativ können Sie die Innenseite auch facettiert lassen.
5. Bauen Sie den Möbelkorpus, und hängen Sie die Tür ein. Berücksichtigen Sie das Arbeiten des Holzes, da es sich bei dieser Tür um eine Form der Plattenbauweise handelt. Eine kreative Opti-

Außenseite hobeln. Mit einem Hirnholzhobel sind die Grate an den Dauben schnell verputzt, und man erzielt eine glatte, durchgehende Fläche an der Vorderseite der Tür.

Innenseite mit der Ziehklinge glätten. Führen Sie die Ziehklinge zuerst diagonal, um die hohen Stellen abzunehmen, und glätten Sie danach in Faserrichtung mit der Ziehklinge und Schleifpapier.

Grate verbergen die Fugen. Chris Tomasi hat die Dauben an der Vorderseite seiner gebogenen Tür breit kanneliert, bevor er sie verleimt hat. Die Kannelüre umgeht auch das Problem, die verleimte Platte glätten zu müssen.

on besteht darin, an der Außenseite der Dauben breite Hohlkehlen anzuschneiden, bevor sie verleimt werden, um eine kannelierte Oberfläche zu erhalten, bei der die Leimfugen nicht so auffallen. 4 5

Clever arbeiten

Beim Bau eines Möbelstücks mit geschweifter Tür ist es am besten, zuerst die Tür zu bauen, und dann den Korpus so anzufertigen, dass er zur Schweifung der Tür passt.

Gewölbte Türen mit Rahmen und Füllung

Laminierte Türen sind komplizierter herzustellen als solche aus Dauben, aber sie bieten größere Freiheit bei der Gestaltung, weil sie die Herstellung von Rahmen und Füllungen aus durchgehenden Platten (Laminaten) erlauben, sodass Maserung, Farbe und Textur einheitlich sind. Eine laminierte Tür besteht auf mehreren dünnen Holzschichten, die auf einer geschwungenen Form miteinander verleimt werden. Die Holzfasern in den Holzlagen können parallel verlaufen oder wie bei Sperrholz im rechten Winkel zueinander. Das Ergebnis ist ein Querfries, Längsfries oder eine Fül-

Schweifungen fräsen. Spannen Sie einen gebogenen Anschlag am Handoberfräsentisch an, und schneiden Sie die geschweifte Nut mit einem Nutfräser, indem Sie das Werkstück am Anschlag entlang führen.

Nach innen gewölbt. Diese sanft gewölbten Türen bestehen aus gebogen laminierten Füllungen, deren gefälzte Kanten in die Nuten der gebogen laminierten Querfriese eingesteckt sind.

lung mit höherer Dimensionsstabilität – bei jeder Holzkonstruktion ein Vorteil.

Das Laminieren wird mit der gleichen Methode durchgeführt wie bei der Herstellung von Schubladen mit geschwungenen Vorderstücken (siehe Seite 79). Man kann dazu eine zweiteilige Form verwenden, in der die Holzschichten miteinander verleimt werden. Eine einfachere Alternative ist es, das Werkstück über eine einteilige Form zu biegen und den Pressdruck beim Verleimen mit einem Vakuumsack zu erzeugen. Bei breiten Füllungen kann man Schichten des verwendeten Holzes so verleimen, dass ihre Fasern jeweils im rechten Winkel zueinander stehen. Wenn die Kanten der Füllung in einem Rahmen liegen, kann man auch biegbares Sperrholz für die Innenlagen verwenden. So oder so stellt man im Grunde sein eigenes dimensionsstabiles Sperrholz her.

1. Stellen Sie einen Arbeitszeichnung der gebogenen Türenbauteile einschließlich der Querfriese und der Füllung in natürlicher Größe her. Fertigen Sie anhand der Zeichnung die Biegeformen an, die Sie benötigen werden. Schneiden Sie dann die Laminate zu, und verleimen Sie die Querfriese und die Füllung, um die gewünschte Krümmung zu erhalten.
2. Schneiden Sie auf die übliche Weise Schlitze in die Längsfriese. Reißen Sie dann die abgewinkelten Zapfen an den gebogenen Querfriesen an, und schneiden Sie an der Bandsäge bis zu den Rissen.
3. Nuten Sie die Längsfriese wie sonst auch, und bringen Sie dann einen gebogenen Anschlag am Handoberfräsentisch an, um die gebogenen Nuten in die Querfriese zu schneiden. 1
4. Schneiden Sie die Füllung auf Maß, und fälzen Sie dann mit dem Nutsägeblatt an der Tischkreissäge oder einem Nutfräser am Handoberfräsentisch die konvexe Seite, sodass sie in die Nuten des Rahmens passt. Das ist nicht sehr schwierig, wenn man darauf achtet, dass die Füllung an der Stelle, wo geschnitten wird, immer auf dem Arbeitstisch aufliegt.
5. Bauen Sie die Tür zusammen. Leim wird nur an die Eckverbindungen angegeben.
6. Passen Sie die Tür in die Korpusöffnung ein, und hängen Sie sie ein. Je nach Wahl können Sie eine Tür mit konvexer Außenseite (die sich also nach außen wölbt) oder eine konkave Tür (die sanft nach innen schwingt) bauen. Beide Forme lassen sich auch bei Flügeltüren verwirklichen. 2

Clever arbeiten

Man kann sich viel Laminierarbeit sparen, indem man die gebogenen Querfriese aus Vollholz schneidet. Reißen Sie einfach die gewünschte Wölbung auf Material an, das stark genug dafür ist, und sägen Sie dann mit der Bandsäge dicht am Riss entlang. Man könnte einwenden, dass die Maserung in diesem Fall nicht so elegant aussieht wie auf der Sichtseite von laminiertem Material, aber wenn man die Krümmung gering hält, lässt die Gesamtwirkung nichts zu wünschen übrig.

Gewölbte Tür mit Glasfacetten

Einen Falz fräsen. Stellen Sie eine dicke Schablone aus Sperrholz her, die der Facettierung entspricht, und spannen Sie dann den Querfries an der Schablone an, um den facettierten Falz mit einem Fräser mit Anlaufringe zu schneiden.

Diese gewölbte Tür des Möbelbauers Gary van Rawlins ist ebenfalls mit gebogen laminierten Querfriesen konstruiert. Allerdings sind in diesem Fall die Querfriese mit facettierten Fälzen versehen, in die einzelne flache Glasscheiben eingelegt werden, sodass die Illusion einer gebogenen Glastür entsteht. Am besten fertigt man eine Arbeitszeichnung in natürlicher Größe an, um die Abmessungen der Fälze genau bestimmen zu können.

1. Bauen Sie den gebogenen Rahmen wie zuvor beschrieben. Bei dieser Tür können Sie auch anstatt eines Kreisbogens eine elliptische Kurve verwenden. Fertigen Sie auch wieder Musterzeichnungen der Querfriese einschließlich der facettierten Fälze an.
2. Nuten Sie die beiden Längsfriese für 3 mm starke Glasscheiben, und schneiden Sie dann die facettierten Fälze in die beiden Querfriese. Schneiden Sie kleine Stege zwischen den Facetten an, die als Auflage für die Enden der senkrechten Sprossen dienen. Schneiden Sie die Fälze mit einem Bündigfräser mit obenliegendem Anlaufring. Spannen Sie eine Sperrholzschablone der Facetten, die Sie anhand der Arbeitszeichnung hergestellt haben, am Querfries an, und führen Sie den Fräser mit den Anlaufring an der Schablone entlang. 1
3. Verleimen Sie den Rahmen.
4. Stellen Sie senkrechte Sprossen her, die zwischen die Fälze der Querfriese passen. Nuten Sie die Kanten der Sprossen als Aufnahme für die Glasscheiben, und schneiden Sie an jedem Ende einen kurzen Zapfen an, der in den Falz des Querfrieses passt.
5. Messen Sie die Öffnungen und die facettierten Bereiche der Fälze unter Einbeziehung der Auflageflächen für die kurzen Zapfen an den Sprossen aus. Lassen Sie sich von einem Glaser Scheiben zuschneiden, die etwas kleiner sind als die Öffnungen.

An den Enden anfangen. Bringen Sie das Glas in der Tür an, indem Sie zuerst die äußeren Scheiben in die Nuten der Längsfriese einstecken.

6. Bringen Sie die Scheiben in der Tür an. Beginnen Sie mit den äußeren Scheiben, und schieben Sie sie in die Nuten der Längsfriese. 2
7. Schieben Sie eine Sprosse auf die Scheibe, fügen Sie die nächste Scheibe ein, und wiederholen Sie den Vorgang bis zur Mitte der Tür. Die letzte Sprosse wird eingesetzt, indem man die beiden mittleren Scheiben etwas anhebt, bis sich Sprosse über ihre Kanten schieben lässt. 3
8. Stellen Sie zwei Glashalteleisten für die Fälze in den Querfriesen her. Man kann die Facetten der Querfriese an den Halteleisten anreißen und dann an der Bandsäge schneiden, oder eine ähnliche Vorrichtung wie beim Schneiden der Fälze verwenden. Legen Sie die Halteleisten auf die Glasscheiben und Sprossen, und befestigen Sie sie mit Drahtstiften in den Fälzen der Querfriese. 4
9. Die Tür in den Abbildungen ist elliptisch, was interessanter wirkt als die üblichen Kreisbögen. 5

Dann zur Mitte bewegen. Die beiden letzten Scheiben und die mittlere Sprosse werden eingesetzt, indem man sie leicht anhebt. Wenn die Sprosse zwischen den Glasscheiben sitzt, senkt man alles zusammen in die Fälze der Querfriese ab.

Mehr als zwei Leisten braucht man nicht. Legen Sie die facettierten Glashalteleisten in die oberen und unteren Fälze ein, um die Scheiben und Sprossen zu halten. Sie werden mit Drahtstiften an den Querfriesen befestigt.

Variable Krümmung. Die fertige Tür hat elliptisch gebogenen Querfriese, bei denen der Radius von einer Kante zur anderen hin stetig größer wird.

Profilleisten, Intarsien und andere Dekorelemente

Man kann das Aussehen einer Tür deutlich verbessern, indem man die Innenkanten der Rahmenfriese profiliert – abrundet, ein Karnies (wie bei vielen Konterprofilen), eine abgesetzte Fase oder einen einfachen Halbstab anschneidet. Das Profil muss an den Rahmenteilen angeschnitten werden, bevor die Tür zusammengebaut wird. Gegebenenfalls müssen an den Ecken Gehrungen angeschnitten werden. Falls Sie furniertes Plattenmaterial verwenden, das nicht arbeitet, können Sie die Profile auch an die Kanten der Füllung anschneiden, was die Verbindungsarbeit vereinfacht.

Neben der Profilierung von Friesen oder Füllungen können Sie auch auf das altbewährte Verfahren der Einlegearbeiten zurückgreifen, bei der kontrastierende Furniere in die Holzoberfläche eingelassen werden. Dabei kann es sich um eine einfache Furnierader handeln oder um eine komplizierte Intarsienarbeit.

Furnieradern (also schmale Furnierstreifen) kann man im Handel beziehen oder selbst herstellen, indem man Vollholz zu dünnen Streifen zuschneidet. Furnierbänder bestehen aus Furnierstücken in unterschiedlichen Farben, die zu einem Muster zusammengesetzt und verleimt werden. Diese breiteren Streifen sind ebenfalls im Handel zu erhalten. Bei einer Variante dieser Furnierbänder verläuft die Maserung zum Großteil senkrecht zur Länge des Bandes. Es wird oft an Werkstückkanten verwendet, um Kontrasteffekte zu erreichen. Furnieradern und -bänder werden eingelegt, indem man einen Nutfräser mit entsprechendem Durchmesser in der Handoberfräse an einer Führungsschiene entlang führt. Die Schnitttiefe ist etwas größer als die Stärke des Furniers. Geben Sie Leim in die Nut, legen Sie die Ader oder das Band ein, und schleifen Sie das Furnier mit der Umgebung bündig, nachdem der Leim getrocknet

Mit Rundstab und Furnierband.
Vor dem Zusammenbau der Tür wurden die Kanten der furnierten Füllung mit einem Vollholzumleimer versehen, an den ein Rundstab von 1,5 mm und ein 6 mm breites Furnierband aus Satinholz angebracht wurden

ist. Eine gute Stelle, um diese Technik einmal auszuprobieren, ist der Rand einer flachen Türfüllung.

Intarsien und Marketerien sind Bilder, Muster und Ornamente aus Furnierstücken unterschiedlicher Form und Farbe. Werden die Teile einzeln in das Holz eingelegt, ist der technische Begriff Intarsie, werden sie zusammengesetzt und gemeinsam auf Blindholz geleimt, nennt man das Marketerie. Beide Techniken lassen sich bei Möbeltüren und -fronten verwenden.

Man kann auch andere Materialien als Holz in eine Tür einlegen. So kann man polierte Kieselsteine in eine Holzfüllung einfügen, indem man für jeden Stein eine entsprechend geformte Vertiefung einschneidet und den Stein mit Epoxidklebstoff einklebt. Die Wirkung ist einzigartig und kann eine Tür zu einem echten Unikat machen.

Ein Bild aus Einzelteilen. Die Figur an der Außenseite von Marc Adams' Schrank wurde aus kontrastieren Furnieren zusammengesetzt und dann auf die Vorderseite der Türen und der Schubladen aufgeleimt.

Kissen aus Stein. Der Umriss jedes Kieselsteins wurde auf die Füllung übertragen, dann wurde eine entsprechende Aussparung mit einem Kugelfräser an einem Multifunktionswerkzeug in die Füllung geschnitten. Die Steine wurden dann mit einem Zweikomponentenklebstoff in die Aussparungen geklebt.

Danke!

Wie jeder Text über die Tischlerei ist dieses Buch dank der vielen Holzwerker zustande gekommen, die meinen Weg gekreuzt haben. Manche von ihnen sind schon lange nicht mehr hier, manche sind noch sehr präsent. Unter ihnen finden sich persönliche Freunde, Holzwerker, die ich aus der Ferne bewundere, die Hersteller von Werkzeugen, die uns die Mittel zur Verfügung stellen, das Material zu bearbeiten, meine Kollegen, die Journalisten, die über Holzthemen schreiben, und das hochgeschätzte Redaktionsteam im Taunton-Verlag. Es sind alle diese Menschen, die letztendlich die Informationen liefern, aus denen ein Buch über die Anfertigung von Dingen entsteht – in diesem Fall Türen und Schubladen. Ich bin einfach nur ein Filter, durch den diese Informationen weitergeleitet werden, und bereichere die Geschichte mit meinen eigenen Erfahrungen als Holzwerker. Um die Wahrheit zu sagen: Ohne die Unterstützung und die Weisheit zahlloser Holzwerker und -liebhaber und ohne den täglichen Rückhalt meiner Familie wäre ich nicht der Holzwerker, der ich bin, und könnte nicht im Traum daran denken, ein Autor zu sein. Also: Danke! An alle! Ihr werdet mehr gebraucht und mehr bewundert, als Ihr es wisst.

Danke!

Über den Autor

Andy Rae arbeitet seit über drei Jahrzehnten mit Holz, entwirft und baut Möbel und unterrichtet und schreibt über dieses Handwerk. Er verfasste zahlreiche Artikel und mehrere Bücher über Holzbearbeitung. Auf Deutsch erschien bereits Möbelbau (2012 bei HolzWerken).

In seinen prägenden Jahren arbeitete er in den Werkstätten von George Nakashima und Frank Klausz und eröffnete dann sein eigenes Design- und Konstruktionsstudio, in dem er sowohl Möbel als auch Einbauten herstellt. Rae hat sich immer von bestimmten Stilen ferngehalten und es vorgezogen, „mit ehrlichem Material auf ehrliche Weise zu arbeiten, das solides Design und solide Handwerkskunst auf höchstem Niveau widerspiegelt“, wie er sagt. 1990 wurde Rae für seine Möbelentwürfe mit einem Stipendium des New Jersey Council on the Arts ausgezeichnet.

Sein größtes Vergnügen – neben der Holzbearbeitung – ist es wahrscheinlich, auf einem Motorrad durch die Berge von West-North-Carolina zu fahren, oft auch mit Kindern und Hund im Beiwagen.

Register

J

K

L

M

O

P

Q

R

S

T

U

V

Y

Z